生活因阅读而精彩

 生活因阅读而精彩

大气

魅力女王的修炼课

万芳/著

中国华侨出版社

图书在版编目(CIP)数据

大气:魅力女王的修炼课/万芳著.—北京:中国华侨出版社,2013.12

ISBN 978-7-5113-4328-4

Ⅰ.①大… Ⅱ.①万… Ⅲ.①女性–修养–通俗读物 Ⅳ.①B825-49

中国版本图书馆 CIP 数据核字(2013)第 300323 号

大气:魅力女王的修炼课

著　　者／万　芳
责任编辑／棠　静
责任校对／王京燕
经　　销／新华书店
开　　本／787 毫米×1092 毫米　1/16　印张/16　字数/235 千字
印　　刷／北京建泰印刷有限公司
版　　次／2014 年 1 月第 1 版　2014 年 1 月第 1 次印刷
书　　号／ISBN 978-7-5113-4328-4
定　　价／29.80 元

中国华侨出版社　北京市朝阳区静安里 26 号通成达大厦 3 层　邮编:100028
法律顾问:陈鹰律师事务所
编辑部:(010)64443056　64443979
发行部:(010)64443051　传真:(010)64439708
网址:www.oveaschin.com
E-mail:oveaschin@sina.com

前言

大气,是给一个女人的最高礼赞!

与漂亮相比,魅力更具内涵;与强势相比,大气更具亲和力……有魅力的女子,不一定有天使般的面容,也不一定有高贵的出身,但她们都有着非同寻常的独特气质。她们总会以最恰当的装扮、最令人舒心和欣赏的表情、最凸显个人存在感的方式出现在众人面前,哪怕她只字未说,她也是最具影响力的闪耀女王。

回归到现实中,你、我、她,多半都是芸芸之中最平凡的女子。或许,你曾因为自己没有姣好的容貌黯然神伤;或许,你曾因为自己没有良好的家境颇感自卑;或许,你曾因为自己得不到"关注"而心生失落……当你翻开本书时,就请收起这些悲观的情绪吧!

每个女人都应当有一顶王冠，在它之上镶嵌着闪亮而珍贵的宝石，凸显着与众不同的美。这是一本关于气质、关于美丽、关于改变、关于幸福的书，是编者为芸芸女子送上的一顶王冠，它镶嵌着带有深刻寓意的五颗宝石：它们代表着坚定的信念、无上的魅力、强大的心灵、深邃的内涵以及永恒的幸福。

　　书中没有用说教的语言阐述真正有魅力的女人应该什么样，而是以最具影响力的魅力女人们作为气质导师，用她们的亲身经历和表现为女人树立起一个真实的榜样，因为没有什么能比这样的力量更触动人心。书中没有泛泛而谈的空洞的大道理，而是告诉女人具体要怎么去做，怎么样迈出改变的步伐。

　　我们不求像玛丽莲·梦露一样，让世人为自己所感染，我们只求在自己生活的领域中做一个最优雅、最大气、最有魅力、最受欢迎、最成功的闪亮女人！这便是最有价值的魅力人生！

　　翻开下一页，你的蜕变，即将开始……

目录

第一篇　坚定的信念
——每个女人都能成为大气的女王

万人瞩目的女王，曾经也是灰姑娘	002
你一定要相信，气质可以修炼	004
说出心愿，你想成为什么样的人	007
做挑战自我的闪亮女王	010

第二篇　无上的魅力
——精致是大气女人的万能钥匙

好形象，让你在人群中脱颖而出

美好的形象，是大气的名片	014
"妆"出热情美丽的优雅来	016
好姿态是魅力的代言	020
面带微笑的女人最可爱	022
和自己做一个"微笑游戏"	026

"穿"出你的个性，找寻属于你的气质

衣服不适合自己，再漂亮也要放弃　　030
美丽靠颜色，用色彩提升亮度　　　　032
高跟鞋是魅力女王必备的"道具"　　　035
饰物是一种永恒的美丽和诱惑　　　　037

美丽女人，展示最迷人的魅力

让你的美丽无懈可击　　　　　　　　041
女王，也该苗条有形　　　　　　　　044
做个秀发飘逸的女子　　　　　　　　047

巧用香水，做一个芳香女人

有味道的女人更美丽　　　　　　　　050
找到符合自己的香水味　　　　　　　052
用对香水，散发迷人的气质　　　　　054

细微之处见大气，凝聚不一样的优雅

就算不是名媛，也该注重个人修养　　057
粗鲁的女人，开口就丢了美丽　　　　060
收起那些给美丽打折的小动作　　　　063
优雅的走姿，让微弱的气场变强　　　066

第三篇　心灵的力量
——闪亮的女人都有一颗钻石心

自信是点燃奇迹的火柴
自信是美丽的起点　　　　　070
接纳不完美的自己　　　　　073
告别自卑，改变见证奇迹　　075
不要掉进自恋的怪圈　　　　078

用坚强铸就闪亮的人生
抱怨会让生活变得更糟　　　080
怯懦是闪耀人生的天敌　　　083
把挫折看成自己的财富　　　086
做一棵独立的树　　　　　　090
泡泡训练，让内心更强大　　092

做个意志坚定的女人
意志力决定了气场强弱　　　096
优雅的气质，在于坚持多久　098
铿锵玫瑰，在忍耐中积蓄能量　101
决定气质的关键在于修补短板　103

释放乐观的心灵力量
积极的心态是气场的源泉　　107
快乐有一股感染力　　　　　109
笑着打败心中的"消极"魔鬼　112
让朝气为你创造奇迹　　　　114

渴望是心灵的生命花

做一个知性女人	119
心中充满渴望,才能抓住每一次机会	122
你心里想什么,就会吸引什么	123
梦想是对自己的一种渴望	127
心有多大,舞台就有多大	129
强化内心的渴望	135

无论是谁,都要丰富自己的头脑

美貌只是糖纸,重要的是糖的味道	140
多读点书,腹有诗书气自华	142
追求自然之美,彰显你的内涵	144
不断"充电",为美丽加油	147

不一样的思想,不一样的气场

不违背内心生活,做想做的事	150
笑对流言和那些不喜欢自己的人	151
沉默的力量	154

内在的修养,岁月带不走的魅力

修养是女人最美的味道	158
修炼平实而温暖的魅力	160
善良可以让魅力更持久	161
保持好心态也是一种修养	165

知而不随，遇见心想事成的自己

找到自己的存在感　　　　　　　　169
认清自己，发现自己的吸引力　　　172
重唤感知自己的能力　　　　　　　174
从内心开始冥想　　　　　　　　　178

塑造个性，走到哪儿都是主角

依靠个性，打造自己的专属魅力　　182
不随大流才能出众　　　　　　　　185
你就是你，无须刻意改变　　　　　187
对着镜子说"我真的很好"　　　　189

第五篇　幸福的真谛
——人气是大气女人的魅力

生活是为了微笑和快乐

轻松笃定地生活　　　　　　　　　194
放松点，告别忧虑和不安　　　　　196
放开内心绷紧的弦　　　　　　　　199
会爱自己，你的生活才会更精彩　　202
来吧，洗涤浑浊的心灵　　　　　　206

用声音感动所有人

用声音提升魅力指数　　　　　　　209
主动和人沟通　　　　　　　　　　213
倾听，是一种善解人意的气场　　　215
幽默的女人才是焦点　　　　　　　218

做最懂爱情的女王

找个魅力相投的爱人	**221**
魅力源自至纯至真的爱	**223**
不要让你的爱情跪着	**225**
别让自己卑微到尘埃里	**228**
他不爱你,就优雅地离开	**231**

淡然地体味生命的美好

别让过去的"包袱"盖住美丽	**234**
真诚地对待所有人	**236**
学会分享,给魅力增光添彩	**238**
与大自然的能量衔接	**241**

第一篇

坚定的信念

——每个女人都能成为大气的女王

万人瞩目的女王,曾经也是灰姑娘

罗尔斯曾经说过一句话:"信念不值钱,有时甚至是一个善意的欺骗,然而你一旦坚持下去,它就会迅速升值。"

每个女人都可以成为女王,因为每个女人都具备不凡的潜质。关键在于,她们的内心是否有这样一种坚定的信念!

或许你仍然觉得,有了信念也不一定能够出落成气质美女,因为她们拥有太多令人羡煞却不能触及的光环,比如美貌、财富、气质、职业,等等。不得不说,产生这种想法的女性,在她的内心里势必已经有了一个典型的形象,或者说有了现实的偶像,只是内心认为自己与女王的差距太大罢了。事实上,我们的理想形象只是一个榜样,我们强调的是:你不一定要和榜样"平起平坐",但你可以借鉴榜样身上的优点,让自己一点一点地改变,最终成为一位有魅力的女性。

不要以为魅力都是与生俱来的,这是一个绝对错误的认识。很多人都有这样一种思维习惯,看到"魅力女王"的时候,只关注她们头上的光环带来的吸引力,却忘记了她们在戴上光环前的样子。说说几位在世界上颇具影响力的女人吧!或许在她们身上,你能够找到一些启发。

玛格丽特·撒切尔，出身于平民家庭，是典型的"灰姑娘"，但她从未放弃过努力，始终如一地坚定自己的路。她的人生信念就是父亲的一句教诲："你必须自己拿主意，你不要因为朋友们的做法而去效仿，你不要因为害怕与众不同而随波逐流……你要率众之先，而绝不从众。"

依靠着这种信念，她一步步地攀登上了政治的高梯，最终成为英国第一位女首相。她的成功就是一个令人神往的传奇，而她也是名副其实的巾帼不让须眉的气场女王。

奥普拉·温弗里，美国著名脱口秀节目主持人、杰出的商人和慈善家。她有着不幸的童年，家境贫寒。当时，在她居住的那个贫困乡村，很多人都自暴自弃，对生活丧失了希望。

然而，温弗里却没有对生活失去信心，她内心有个强烈的信念，那就是过上更好的生活。温弗里说："我强烈感到，自己的一生将被当作范例，向人们展示万事皆有可能。"

是的，她做到了！她克服了别人认为的不利因素，取得了成功。她成了别人的榜样。

以上提到的这两位女性，都是在世界范围内具有强大影响力的魅力女王。只要有她们出现的地方，就一定有精彩的故事；或者说，只要听到她们的名字，你就会感受到一种无比强大的气场。那么，她们散发出的影响力是与生俱来的吗？这个问题不必再做回答了。她们都没有显赫的出身，她们有的只是一种对生活的乐观态度，对自己坚定不移的信任。无论身处怎样的境遇之中，她们都没有放弃过自己的信念，让人生缓缓地踏上成功的轨道，朝着充满阳光和希望的方向行驶。一路走来，她们获得了宝贵的经历，锻造了强大的内心，在现实的洗礼中成了万人瞩目的女人！

所以，你真的不必看低自己，她们已经为你做出了榜样！她们用自己的人生事迹告诉天下女性：从灰姑娘到女王不是妄想！如果你能够像她们一样，坚定自己是女王，并以此为人生信念，那么最精彩的一扇门很快就会为你而打开！

你一定要相信，气质可以修炼

信念并不是深不可测的东西，它比其他东西都浅白，那就是相信自己，相信自己确定的目标，相信自己具备实现这一目标的能力，相信自己最终会胜利。如果一个女人的信念被磨灭了，或是从未有过信念，她对一切都会畏首畏尾，总是挺不起胸、抬不起头、迈不开步，每天都在浑浑噩噩中度过，感受不到人生的幸福和快乐。

这个世界不存在什么天生魅力四射的女人，站在出生的那个共同起点上时，所有人都是一样的。此后，当你意识到自我的存在，当你渴望找寻那种存在感，由衷地想要修炼优雅气质，并愿意为之做出正确的改变时，那么你完全可以依靠着这种信念变身为一位不凡的女性。

前惠普全球执行长官卡莉·菲欧莉娜（Carleton S.Fiorina），在遭遇第一段婚姻失败的打击后，她决定改变自己的人生！

菲欧莉娜毅然重新返回校园，修完斯坦福大学历史及哲学学士学位，而后又申请进入麻省理工学院的史隆管理学院，并完成理科方面的企管硕士学位。进入惠普后，她凭借着女性坚毅不放弃的恒心与耐力，促成惠普与康柏的合并。后来，领先筹划及执行朗讯公司初股上市的工作，使得朗讯成为有史以来最大及最成功的初始股（IPO）之一。1999年7月17日正式继承退休的普拉特，成为惠普公司的总裁。

在此期间，菲欧莉娜常遭遇众多不公的职场待遇，关于她的争议也未曾间断，但她从来没认输过，反而屡屡巧妙地运用自己的优势与特质，给竞争对手意想不到的迎头重击，获得最终的胜利，成为女性经理人之典范。"我首先是管理者，然后才是女人。"菲欧莉娜如是说。

毫无疑问，菲欧莉娜是一个迷人的女性，不过她的优雅并非与生俱来，而是不断提升自己日常的待人接物、处理事情的能力，加强内在的修养气度……在人生的灰暗时候，她坚强地挺了过来，也逼出了内在真实的自我。

人体是一个鲜活的能量流体，气质会受到人体思想、情绪等方面的影响，一旦思想、情绪等发生变动，气质就不同了。可以说，当我们有需要时，就可以通过内在的修炼打造自身的魅力，或者达成愿望。

在后天的修炼下，有不少原本并不出挑的女人，摇身一变变得既有气势又有气质，给人留下了美丽又有韧性的倩影。有些女人刚开始时形象青涩稚嫩，但是经过后天的洗礼，蜕变得越发耀眼夺目，优雅淡定。

也许，你已经开始认识到内在是可以修炼的了。这固然很好，尝试成为魅力女王的过程，是一次极佳的锻炼，哪怕没有收获太多的结果，但你整个人的气质都会有所不同。因为你终于找到了努力的方向，眼神开始变得坚定，脚步不再犹豫，内心不再迷惑，这和之前的精神气质是大不相同的！

魅力本身就蕴含在我们的体内，视我们的需要而改变它的形状。你所做的就是激活它，让它释放出全部的能量，将自己变得富有征服力！当然，这不是一两天之内就可以改变的，而是需要几十天甚至更长的时间。

说出心愿,你想成为什么样的人

1907 年,布鲁斯·麦克莱兰(Bruce MacLelland)出版了他的著作《想象力带来富有》。在书中,布鲁斯提出了这样一个概念:"你是你所想,而非你想你所是。"

气质就是一块磁铁,你选择了什么样的思考方式,就会得到什么样的结局。这是一个规律性的问题,人的命运往往与其思想有紧密的联系;一个人最终取得的人生高度,很大程度上也取决于他的内心想要什么。这实际上也是吸引力法则的表现,我们的思想、言行等结合在一起形成一种特殊的能量形式,然后对与其同质的人与事物产生吸引力。如果你了解"物以类聚,人以群分",也就不难理解这一概念了,而这种吸引力源头正是我们的内在。

每个人的气质都能产生一个气场,而气场会产生一种吸引力。如果是积极的气场,那必将产生积极的能量,吸引更多积极的东西,反之亦然。人的内心就好比一个能量库,从生到死伴随着我们。虽然它是无形的,但你却能够感受得到。它可能创造奇迹,也可能将人推向毁灭的深渊,而这一切都取决于你的状态。换句话说,如果你的内心渴望的是美好的东西,那你的周身就会发出一股积极的能量;如果你自始至终都不相信自己能够取得成就，那么你就真的只能沦为不起眼的人了。

有句话说得好：现在你是谁不重要，重要的是你想要成为谁。无数事实在验证着这个观点，你现在的处境和状态如何并不打紧，关键是你内心渴望成为一个什么样的人，渴望拥有怎样的生活。

美国的玫琳凯·艾施女士，46岁时突然接到了降职通知，理由让她感觉很不舒服：因为她是女性。备受心理伤害的玫琳凯决定要改变这种现状，她准备建立一家给所有女性提供平等机会、帮助更多女性实现自我价值、丰富女性人生的公司。

1963年9月3日，玫琳凯在这个想法的支撑下，正式建立了玫琳凯化妆品公司。当时，公司的资金只有5000美元，办公场地在一间46平方米的仓库，员工只是九名普通的家庭妇女，但玫琳凯干得相当有劲儿。经过几年的不断发展，玫琳凯公司成为了一家跨国的大型化妆品企业集团，拥有全美最畅销的护肤品和彩妆品牌，如今它拥有130万名美容顾问，分公司遍布在36个国家和地区，年营业额达25亿美元。

如今，全球上百万的女性因为玫琳凯化妆品公司而变得美丽，更因为它而获得了发展事业的机会。与此同时，玫琳凯女士也被美国电视网站评为20世纪妇女精英、最具影响力的化妆界女强人。这一切的发生，都始于玫琳凯女士的一个念头、一个想法。

早期的玫琳凯女士没有社会地位、没有专业背景，但她内心有一种遇事不慌的魅力，有一份不惧挑战的大气，这些成就了她的理想，做一个成功的女人。她坚信自己能成功，在这个想法的支撑下，玫琳凯女士迸发出了前所未有的能量，并凭借着这股力量吸引到了成功，改变了人生轨迹。

看到了吧，内心的想法决定了人的行为和生活，我们的命运就掌握在自己的手中。那些优秀的女人往往会对自己和生活有着各种各样的期待、向往、梦想，而一个人想要得到某些东西，试图完成某一目标的时候，她的内心能量就会以合理的方式向外辐射，成功就变成了她的囊中之物。

当然，懂得了吸引力法则还不够，还要明白臣服法则。所谓臣服法则，就是当你明确了自己的目标之后，必须放弃过去固有的思维和行为模式，彻底臣服于你内心正确的东西，思想向它靠拢，精神做好准备，让自己心无旁骛，就连说话的方式、思维的逻辑基础都不由得臣服于它，调动全身的积极力量。

记住这个法则吧！当你盼望成为一个什么样的人时，希望获得什么样的生活时，气场理论和吸引力法则就会同时发挥效用，吸引内心的愿望，让它朝你走来。不过，你要明白，这些绝非命运的安排，而是你改变自己的结果。

做挑战自我的闪亮女王

莎士比亚的悲剧《尤利乌斯·恺撒》里有一句台词:"亲爱的布鲁图,真正该责备的,并非宿命,而是我们自己。是我们自己决定了我们只会是微不足道的人。"

注定一个女人是平庸还是不凡的,不是她的出身,而是她有没有突破自我的想法和勇气。信念是潜伏在我们体内的一种特殊能量,它是一个沉睡的巨人,或者说是一座休眠的火山。只要有人唤醒它,它就能爆发出巨大的难以估计的能量。如果不断地挖掘它,展开在我们面前的便是拥有无限可能的生活!

遗憾的是,不少女人不敢去挑战和改变自己,总担心"失去",担心犯错,左右为难,一直按照稳妥的、不易跌倒的方式小心翼翼地走着,没有勇气和激情去改变。这种懦夫一样的所作所为,只会画地为牢,让无限的潜能化为有限的成就,再过十年也是停留在原地,无法前进。

思想高度决定人生高度,有了挑战自己的愿望,进而才能有更进一步的蜕变,我们才可能拥有强大且稳定的力量,才能有所成就。回顾历史,我们便会发现那些伟大的女性人物之所以能从平庸走向卓越,之所以能够成为令人瞩目的魅力女王，是因为她们对自己提出了超出一般人的期许，不断地挑战自我，从而让信念引领了成功。

美国有个女孩，3岁时开始学习音乐，16岁考入丹佛大学音乐学院。在著名的阿斯本音乐节上，她突然发现自己实际上并不具备音乐的天赋，因为那些十岁左右的孩子，只要看一眼曲谱就能够演奏得非常流畅，而那首曲子她却要练上一年。

十几年的学习和努力之后，发现自己不是学音乐的料，怎么办？面对这样的现实，或许多半人会"将错就错"，继续沿着这条路走下去。但这个女孩没有，她毅然决然地要改变自己的路。后来，她开始学习国际政治概论，她的导师发现她在这一领域很有潜质，于是细心地教导她，将她引向了国际关系和政治学领域。

积极的改变，让她对自己充满信心。19岁时，她获得了政治学学士学位；26岁时，她获得博士学位。1987年，她在一次晚宴上的致辞得到了时任国家安全事务助理的布伦特·斯考克罗夫特的注意。凭借着这股自信和坚定，她在政界平步青云，她的名字就是康多莉扎·赖斯。

如果赖斯继续学习音乐，走那条已经走了很久的路，她顶多是个普通的钢琴家。然而，她是个善于自省并改变的人，她的内心告诉她：改变才是突破平庸的途径。好的改变，会形成良好的惯性，也会改变一个人的整体气质。如果沉溺在自卑和平庸的状态中，一生也无法获得精彩；而改变会使一个人重新找到方向，带着积极的心态生活，最终改变命运。

如果你不满现状，也有过改变的想法和欲望，那就不要对现实充满恐惧，过着"身不由己"的生活。要知道，主动的改变在于行动，而这个"行动"也是超越世界上 90% 的人的秘密。没错，将积极主动的态度转化为一种恒久的人格，用行动改变不满的现状，能够避免人生陷入平庸的定局中。别再被动地面对命运的安排了，拿出一分果决的大气来吧！相信，内心的颜色变了，你的人生也将会从此换一种颜色！

第二篇

无上的魅力

——精致是大气女人的万能钥匙

好形象,
让你在人群中
脱颖而出

美好的形象,是大气的名片

英国女王在一封给威尔士王子的信中写道:"穿着显示人的外表,人们在判定人的心态,以及形成对这个人的观感时,通常都凭他的外表,而且常常这样判定,因为外表是看得见的,而其他则看不见,基于这一点,穿着特别重要……"

心理学家认为,每个人都有呵护美、向往美、追求美的心理。这种心理引导着人们积极地爱美、扮美、学美。现实中的人们总是对美的事物或人产生好感,所以,女王的话并不夸张。因为对于那些并不认识你的人而言,他们几乎都是从注意你的外表开始,再由此对你进行判断。

一个女人不管是高矮胖瘦，只要打扮得体，外表形象美好，那么在初见的第一眼就会给人留下深刻而良好的印象，如此许多好的东西自然也就会来到你身边，不夸张地说，那些都是被你的魅力吸引过来的。初见的一瞬间，你的形象就将你的不凡告知了别人，这张名片恰恰决定了接下来的胜负。

这就是气质的胜利！那些形象美好的女人，彰显大气优雅，有十分强大的气场，就如王者降临。那种强大的气势就像耀眼的光，周围的一切都会黯然失色，而周围的人会自然屈服于她的魅力之下。

一个人的形象不但关系到别人对自己的评价，也影响着自己的自信心。当我们化着适合自己的妆，穿着适合自己的衣服，走在大街上的时候，人们被自己吸引着，那些曾经以为是嘲笑自己的眼光，这时候就会变成某种无声的赞美。当我们这样走出去的时候，即使我们没有倾国倾城的容貌，但是那种因为自信而由内散发出来的魅力，也是让人无法抵挡的。与此同时，我们由内向外彰显出的魅力，正是一种充满自信的、阳光的、美丽而大气的优雅。

当然，我们并不是鼓励大家只注重外在形象，因为外在的穿着打扮、举手投足是给他人最初的、最深刻的第一印象，它的作用不容忽视，就连大哲学家亚里士多德也曾有过一次因为忽略形象而遭到冷落的情形。

一次，亚里士多德去参加宴会。最初入场时，他穿了一件普通的衣服，会场上根本没有人注意到他，态度都很冷淡。这时候，亚里士多德连忙出去换了一件崭新的皮大衣，重新回到宴会上。天呐，一切都变得不同了！主人的态度非常殷勤，他邀请客人们纷纷向亚里士多德表示敬意，并前来向他敬酒。见此情景，亚里士多德说："你们不了解，我的大衣兄弟可是非常清楚，它让我成为此时此刻这样的人。所有的理解都是冲着它来的，它才是今天的客人。"

不管亚里士多德看到众人态度的转变后是否乐意，他都必须承认一个事实：形象好的人就是比较受欢迎，形象的确能够影响一个人的魅力。若是忘记了、忽略了这一点，那么在角逐的第一回合，你就输了！况且，当第一印象形成了，再想要改变自己在他人眼中的样子，彰显大气，就不是那么容易的事了！因此，如果你渴望得到他人的关注，渴望让自己变成一个魅力十足的女人，那么从现在开始，你就必须要注意自己的形象。

"妆"出热情美丽的优雅来

琳达小姐第一天来上班的时候，情况糟糕透了。她整个人看上去灰头土脸的，一点精神都没有。肤色暗淡，目光无神，头发弄得比她的实际年龄大了五六岁。这一天她过得并不开心，她觉得在这家知名的广告公司里待着太痛苦了,她与周围的环境完全不符。办公室里充满了时尚的元素,周围的艾达、苏珊小姐一整天都洋溢着自信而美丽的笑容。琳达觉得自己像只丑小鸭,与人交谈的时候她甚至不敢看别人的眼睛,生怕别人会笑话自己。

周末,琳达约了好友见面,把心中的苦闷说了出来。朋友问道:"亲爱的琳达,你每天都是这个样子去工作的吗?你为什么不给自己化化妆呢?好好地打扮一番,也许情况会有转机。试试看吧!"

再次走进办公室的琳达像是换了一个人,她为自己化了一个美丽的妆容,皮肤透着光亮,眼睛也是神采奕奕,那一身干练的职业装,简直就是成功女性的代表。琳达忽然找回了自信,不管面对上司还是客户,她都敢正视对方的眼睛,不时地露出自然的笑容。那一天,所有人都在对她微笑,琳达的感觉真是棒极了!

琳达小姐因为妆容和外形的改变,找回了自信,她周围的人和事物也变得与过去不同了,这一切都是她的自信引来的。

有人说:美丽与智慧都是上帝赐予的,当我们没有被给予骄人的美貌时,可以用智慧来弥补这一缺陷。实际上,化妆也是一种智慧,一种能够雕饰出美丽的智慧。看到琳达的转变,你不能够再怀疑,化妆可以帮助人们增强自信心,营造良好的情绪。它不仅可以让自己的心情变好,也能够取悦他人。

化妆虽然有许多共性,但还得因人而异。如果你只懂得描眉画眼、涂口红，那么你只是懂得化妆的基本技术罢了。化妆，应当是轻描淡写完成的一个奇迹，让所有美丽的元素融入到我们的头发、皮肤、眼神之中，看起来自然大方，而不是夸张和另类。前者能够帮助人们变得优雅出尘，而后者则会给人一种不雅不美之感。就像一位著名的化妆师说的那样：化妆的最高境界是"自然"。

最高明的化妆术是经过非常考究的化妆，让别人看起来就像没有化过妆一样，并且要与主人的身份匹配，能自然表现出人物的个性与气质；那些次级的化妆是把人凸显出来，使之醒目，引起众人的注意；而拙劣的化妆是一站出来就被别人发现化了浓妆，而这层妆是为了掩盖自己的缺点或年龄的；最坏的一种化妆，就是化过妆以后扭曲了自己的个性，又失去了五官的协调。

埃丝黛·劳德是美国最杰出的十大女企业家之一，她以女性的敏锐和聪慧创造了埃丝黛·劳德化妆品系列，畅销美国和欧洲市场。埃丝黛·劳德最喜欢说的一句话是：世界上没有丑女人，只有因不注意修饰而显不出美丽的女人。她认为，每个女人都是一个潜在的美女，关键在于你是否能够注意挖掘和表现出自己潜在的独特的美。

化妆应该是让我们看起来更加美丽，但并非是要让自己变成另外一个样子。我们实际上想得到的评价是"你真漂亮"，而不是"你看起来真像某某人"。只有塑造出属于你并适合你的形象，从外部形式上展现出你的性格和气质，你才能够找到属于自己的精致。

一般来说，除了在特殊的场合外，不管是在工作还是生活中，都以淡妆为宜。淡妆能够突出人的天然丽质，略施粉黛，恰到好处。若说浓妆艳抹，反倒有失品位。如何做到"浓妆淡抹总相宜"呢？

最重要的一点，根据场合，以自身的特点为出发点。就像亚里士多德所说，艺术就是"弥补自然的缺欠"。在梳妆台前，每一个女人都有机会当艺术家。作为一名化妆艺术家，你必须记住，每一件作品，即每一张面容，都是独一无二的。如果你想追求理想的面容来掩饰自己，就错了。你要化出真实的自己，这样无论谁看到你，都能够获得美的享受。不要设法去改变自己脸上那些不合标准的部分，顺着你的鼻子画上暗色的条纹并不能真正地使你的鼻子看起来狭长，眼角边描上延长线也不会使眼睛显得大些。与其这样，不如把所有精力用在使那些过分显眼的部位看上去柔和一些，这样，才能给人一种独特的美。

莎士比亚曾说："青春是一个短暂的美梦，当你醒来时，它早已消失无踪。"没有一个女人不想留住美好的青春。但是岁月无情，留住青春徒劳无功，不如多费些心思装扮自己的容颜，让生命重新焕发活力和美丽。当你给自己塑造出一副天使面孔的时候，你会发现你整个人从内到外都变得不同了。

好姿态是魅力的代言

精致是一种整体感受，一个女人也许拥有绝伦的容貌、标准的身材，还可以化完美的妆容，每天打扮得妖娆艳丽，但是如果她有一副委靡不振的身体姿势、一番粗鲁无礼的举止，魅力就根本无从谈起。

气质就像是围绕在女人身体周围的一种气流，优雅的姿态就像一个无形的精灵一样，会紧紧地抓住人们的感官，悄悄潜入人们的心灵，从而给人留下难以磨灭的印象。就像那句古诗中说的那样："随风潜入夜，润物细无声。"这就是一种姿态的魅力，只看一眼就会让人印象深刻。它不需要华丽的服饰，它所折射的光辉一样富于理性，富于感染性，一样可以让女人拥有致命的吸引力。一位具有完美姿态的女人，必然富有迷人的特质。

奥黛丽·赫本深受众人的赞誉，很多人赋予她最高的称赞，说她是上帝派来的天使，说她是美貌与爱心兼得的"精灵"，是"一颗精细雕琢的钻石"，说她的降临是人类世界的一个奇迹。

众所周知，奥黛丽·赫本是因《罗马假日》成名的，这也是她的代表作。当初导演在筛选安妮公主扮演者的时候，曾经用戏中的一幕来测试演员：安妮公主身着柔细华美的睡袍，在一张大床上进行仰卧起坐运动。轮到奥黛丽·赫本表演时，她用双臂迎向装饰美丽的天花板，接着还非常自然、淘气地做了一系列的特定情节。当她做这些动作时，有一架摄影机在偷偷地对着她拍摄。

测试的结果是奥黛丽·赫本的姿态最令导演满意。因为，公主在做仰卧起坐的时候也是一个普通人，与此同时她又是一个少女，而奥黛丽·赫本本人的身姿很优雅，具有清新脱俗的古典气质，她将一种最自然的姿态融入公主这个角色中，把公主的高贵气质完美地演绎了出来。

至今，尽管影坛出现了众多惊艳的女子，但奥黛丽·赫本所塑造的银幕形象依然没有人能够望其项背。的确，赫本的独特风采并不是靠完美的妆容表现出来的，她的成功更多依靠的是那种与生俱来的气质，以及优雅的姿势。

姿态彰显着女人的风度，再精致的妆容都不及一个优雅且雍容的姿态。就如形容女性迷人的词语"风姿绰约"，说的就不是这个女人拥有过人的美貌，而是指拥有令人难以忘记的姿态，《诗经》中的"宛在水中央"，也是说女人飘飘欲仙的姿态。

的确，脸上的粉黛总是有卸下来的时候，而且没有人能够圈住青春的脚步。当美丽的妆容不再，当年华已经从眉间一点点逝去的时候，什么才能令女人焕发光彩、散发魅力呢？那就是一个令人愉悦的姿态。

在生活中，能给人留下深刻印象的女人，往往都是拥有好姿态的女人。美丽的脸庞虽然不能够成为永恒的东西,但是美丽的姿态却是可以永远留下来的。姿态好的女人不会因时间流逝而感慨,因为这种姿态之美,靠的是内心的充实,表现在外面就是一种真挚的状态,而且是在长久的岁月中沉淀出来的。

的确如此,身体姿势是一个人的文化教养、审美观念和精神世界的综合表现,它折射的光辉也最富于理性,最富于感染性。无论是从容的还是优雅的,磊落抑或是淡然的,只要符合你的气质,何种姿态都是美丽的。

无论是年轻的女性,还是已经步入中老年的女性,都该记住一点:岁月既然已经流逝,就不要刻意强求、苦苦挽留。及早做好充分的准备,让自己的一举一动、一笑一颦变得美丽起来,这样才能成就永恒的魅力。

面带微笑的女人最可爱

世界上没有一个人能够拒绝女人的微笑,微笑是女人脸上最丰富、最动人的表情。微笑的女人最优雅。

漂亮的女人在这个世界上数不胜数,但是魅力女人却没有那么多,因为不是每个女人都有独特的气质。当一个女人，不能用内在征服别人的时候，这个女人的魅力就无从谈起，更别说成为一个出众的女人了。

世界上总是有些女人，为自己的身世、容貌而自卑，而越是自卑的女人，乐观的心态和微笑的表情就离她们越来越远。当一个女人的生命中失去了笑容的时候，这个女人就如一潭死水，她的生命就只剩下了黑暗，她就永远不能发掘出自己的美丽，永远平庸地生活在自己的卑微之下。

然而，最有魅力的女人，并不一定就是长得最好看的女人，容貌和先天的财富并不是女人修炼自己的最好起点，往往是那些在逆境中绽放的花朵更加是动人心魄。如果你是一个长相普通的女人，只要你能够笑对生活，依旧能够成为最耀眼的女人。

没有一个人会不喜欢笑脸，也没有一个人能够拒绝笑脸迎人的女人。一个时刻在脸上挂满微笑的女人，即使不是长得最美的女人，也是心胸豁达、最大气、最乐观、最坚强、最有吸引力的女人。

微笑的女人可以面对生活中遇到的任何挫折，她和一般在机会中看到危险的女人不一样。一个乐观微笑的女人，总是能在危险中看到希望，不管在她的人生之旅上遇见什么样的挫折，人们都会看见她那张流露着微笑和希望的脸，那张脸上的笑容不但是笑给身边的人看，更是笑给自己看。

乐观的女人总是能直面自己的缺点或者缺陷，这是一种大气。她们知道世界上没有十全十美的人和十全十美的事情，所以她们能够安然地接受自己的不完美，因为只有这样，她们才能有所改变，趋向更好的自己。她们明白上帝在关上一扇门的同时，会打开另外一扇窗，只要自己积极寻找，总是能够找到自己人生成功的方法的。

微笑的女人总是乐观地面对所有事情，即使事情的发展已经无法逆转，不能改变，她们仍旧能调整好自己的心态。因为她们知道，当境遇已经变得不能改变的时候，那就改变自己的心境。

她们懂得世界上最难克服的不是困难，不是挫折，也不是在人生道路上给自己设置障碍或者诋毁自己的旁人，而是自以为是的自己。所以她们在高兴的时候尽情地展露自己的笑脸，将自己的快乐和身边的人分享；在困境中的时候，她们依旧微笑面对，将希望传播给身边一起奋斗的每个人。

她的歌声和她的龅牙一起闻名于世，然而当初这个为自己的龅牙而苦恼的女歌唱家，却因为那一口被自己遮盖的龅牙，为她带来了另外一种不可复制的美丽。这个女人就是美国著名歌唱家卡丝·戴莉。

卡丝·戴莉有一副婉转如夜莺般的优美歌喉，她的歌声清澈悠远，总是让听众听后久久回味。然而，这个天生的歌唱家却遗憾自己长着一副难看的龅牙，不管什么时候，当她想引吭高歌的时候，与歌声一起涌入脑海的，总是她那口参差不齐的龅牙。因此，为了遮盖自己的龅牙，每次卡丝·戴莉唱歌的时候都显得畏首畏尾，有所顾忌。特别是在参加一些歌唱比赛的时候，卡丝·戴莉更是显得不知所措，所以她每次参加比赛都以失败而告终。因为她的遮掩并没有使人们忽视她的龅牙，反而对卡丝·戴莉本人的印象就是一个急于想在公共场所掩盖自己缺点的女人。

卡丝·戴莉的人生转折点发生在一个比赛评委身上。他发现了卡丝的歌唱天赋，也知道这个年轻的女孩子正在为自己的龅牙而耽误自己的前途，所以他找到这个苦恼的女孩子，并且认真地告诉她："你必须忘掉自己的龅牙，因为你有歌唱天赋，有资本取得成功。"在评委的帮助下，卡丝走出了心理阴影。当她再一次出现在比赛现场的时候，她已经不是一个只想掩盖龅牙的女孩了，她满脸微笑和自信，她那副天赋的嗓音为她赢得了掌声，没有人注意到卡丝的龅牙，人们被她的歌声和脸上的笑容深深打动了。

微笑的女人像是多姿多彩的虹，总是能够在不同的时刻展现自己不一样的绝美风采，展现自己过人的魅力，所以她们被追捧、被喜爱，所以她们能够坐拥优雅，成为当之无愧的女王。

和自己做一个"微笑游戏"

优雅来自于一个人的心。当一个人自信地微笑时,你就能够表露出一分大气,所有周围和你接触的人都会感知,甚至被笼罩在这种魅力中。反之,如果整个人灰头土脸、精神不振,气场就会跟着变弱,美丽荡然无存。

日本一家著名公司总经理的办公室里挂着这样一幅画:两张人的嘴。其中一张嘴嘴角下撇,像个倒扣的勺子,结果从上面掉下的金银珠宝都顺着"勺底"滑到了地上;而另一张嘴却是嘴角上翘,笑眯眯的样子,整个嘴巴就像一个正放的勺子,结果从上面掉下的金银珠宝一个不漏地落进了嘴里。

这家公司对这幅画的解释是:微笑是财富的源泉。的确,微笑意味着理解和友善,微笑意味着真诚和爱意,能产生最奇妙、最具杀伤力的吸引力,一刹那间足以震撼人心,赢得别人的喜爱和尊重,有谁肯拒绝微笑呢?

有魅力的微笑虽然不是天生的,但是每一个女人都可以依靠自身的努力拥有它。美丽的笑容是可以练习而成的!你的微笑足够大气吗?你的微笑足够美丽吗？你想变成人人羡慕的微笑女王吗？

不妨和自己玩一个微笑游戏吧！具体方法如下：

放松嘴部的肌肉

放松肌肉，这是微笑练习的第一阶段。形成笑容时，最重要的部位是嘴角。锻炼嘴唇周围的肌肉，能使嘴角的移动变得更干练好看，可以有效地提升微笑的质量，整体表情给人一种收放自如的自然感，美丽呼之欲出。

如何放松嘴部肌肉呢？大声地、清楚地念"多"、"来"、"咪"、"发"、"嗦"、"啦"、"西"，从低音到高音。注意不是连着念，而是一个音节一个音节地发音，尽可能最大限度地伸张嘴部肌肉，共念三遍。

挑选满意的微笑

微笑分为三种类型，小微笑、普通微笑、大微笑，以各种形状尽情地试着笑，在其中挑选最适合自己的笑容。做到眼到、眉到、鼻到、肌到、嘴到，使眉、眼、面部肌肉、口形在笑时和谐统一，才会亲切可人，打动人心。

小微笑：把嘴角两端一齐往上提，使上嘴唇有种拉上去的紧张感。稍微露出两颗门牙，保持十秒之后，恢复原来的状态并放松。

普通微笑：慢慢使肌肉紧张起来，把嘴角两端一齐往上提，使上嘴唇有种拉上去的紧张感，露出上门牙六颗左右。保持十秒后，恢复原来的状态并放松。

大微笑：一边拉紧肌肉，使之强烈地紧张起来，一边把嘴角两端一齐往上提，露出十个左右的上门牙，也稍微露出下门牙。保持十秒后，恢复原来的状态并放松。

反复练习满意的微笑
照着镜子，试着笑出前面所选的微笑，反复练习。

为此，你可以用门牙轻轻地咬住一根木筷子。木筷子的粗细要根据笑的类型来选择，小微笑相对细一些。把嘴角对准木筷子，两边都要翘起，露出既定的门牙，并观察连接嘴唇两端的线是否与木筷子在同一水平线上，保持这个状态30秒。找到感觉后，轻轻地拔出木筷子，维持这个状态30秒。

微笑源自内心
不知你是否见过"皮笑肉不笑"的笑，尽管脸部肌肉全方位运动，嘴角线条也向上提升了，此时你是不是觉得他的表情很"机械"，像一块冰一样寒气扑面而来，完全没有一点魅力？看着这样的一张笑脸，谁会真正开心呢？那一刻，这些人无疑和优雅无缘！

情绪是我们心灵的钥匙，左右着你的气质。发自内心的微笑才是最自然、最优雅的，也才更有打动别人的力量。所以，试着用内心去理解微笑的含义，去真正调控内心的情绪，使微笑源自内心，有感而发。

闭上眼睛，放松自己的意识，调动感情，并且充分发挥想象力，在大脑里静静地回忆你慈祥的父母、你那群兴趣相投的朋友、你和你的知心爱人，以及你们的一大堆甜蜜回忆，这种大脑意识运动可以强化你的人体气场，你会感到自己的五官不知不觉地就被调动起来了。

还有一点，要注意持之以恒，把微笑游戏变成一件十分自然的事情。如此，你的气质自然就会有所提升，如此人们便能通过你的笑读懂你内心的大气与优雅，以及对人生的热爱与对幸福的渴望，并情不自禁被吸引、被感染。

"穿"出你的个性，找寻属于你的气质

衣服不适合自己，再漂亮也要放弃

你一定看到过这样的情形：同样一件衣服，两个不同的女人穿出的效果截然不同。实际上，这是因为两个人的气质、气场不一样。尽管如此，却还是有很多女人为了追赶流行，为了自己喜欢某一种着装风格，不顾自身的条件，盲目地选择衣装。结果，做了很大的投资，却丝毫没有提升气质和魅力，没有变得出众，反倒让自己显得很平庸，甚至落个"不会打扮"的称号。

世界上没有相同的两片叶子，也没有一片叶子因为努力想和另外一片叶子长得一样而成功的。每个女人都是一朵与众不同的花，你之所以没有看到自己的光辉，是因为你把眼睛一直投注在别人身上，没有正确地认识自己，没有发掘到自身独一无二的美。

女人的身材可以不完美，但衣服搭配一定要完美。这是优雅气质所必须的。皮克·菲尔在《气场》一书中曾提到过："不管是出席会议，还是参加普通交际活动、酒会、商务会谈，都要将自己认真地收拾一番，换一身最合适的衣服，以最贴切的形象出场，这是我们都必须做的功课。"当你穿着最贴切的衣服，穿出自我的风格，以最贴切的形象出场时，你也就从外到内地影响了自己，自然与众人不同，令人另眼相看、印象深刻。撒切尔夫人的衣着之所以被称为经典，之所以称为她独特的标志，不是因为她的衣着多么标新立异，引人注目，而是她选择了最适合自己的风格。如果你渴望得到他人的关注，渴望让自己变成一个魅力十足的女人，那么从现在开始，面对变幻莫测的众多服饰时，你不仅要选择漂亮衣服，还要学会如何搭配衣服，用完美的形象征服众人。

整洁，是服装搭配最基本的原则。整洁的原则并不意味着穿着要高档时髦，只要保持服饰干净合体、全身整齐有致便可。穿着褴褛肮脏的女人，给人感觉总是消极颓废的，大气无从谈起，更和优雅绝缘；穿着整洁的女人总能够散发出独特的气场，给人积极向上的感觉，毋庸置疑她们总是受欢迎的。

服饰作为人形体美的一部分，它只能是受限地存在，而不是自由地存在。它的美要体现在与人的关系上，体现在与人的其他部分的和谐上。所谓和谐原则，是指协调得体的原则，是与人的体形、肤色以及地点场合等方面的和谐。比如，服装与体形的关系最要紧的是大小合身和长短相宜。

如旗袍穿在身材匀称或修长的淑女身上，可增强美感；而着于矮胖型的女性身上则更暴露其缺点，破坏气质；在静谧肃穆的办公室里要以简洁清雅为主，如果穿一套随意性极强的休闲装，则人境两不宜，气场也势必被大打折扣。

不同的人由于年龄、性格、职业、文化素养等不同，自然就会有不同的气质，故要想将衣服穿出特点来，服饰选择就应符合个人的气质要求。为此，我们不必盲目追求时髦，而应该深入地了解自我，让服装尽显自己的个性风采。

总之，身材可以不完美，但形象是可以改变的，关键是看你怎样去把握。衣服搭配得好，你就能让自己看起来更完美，而且，你所持的形象反过来也会影响你自己的所作所为，将你塑造成一个全新的、强大的"自我"。

美丽靠颜色，用色彩提升亮度

每个女人，都会有一个属于自己的专属色，找到适合自己肤色的服装，是提升女人气场的第一步。一个女人想要从平凡走向美丽，最简单的捷径就是利用色彩。能够充分利用色彩的女人，一定是一个能让自己最大限度地释放美丽的女人。

每个女人的肤色、发色都是不一样的，即使都是黄种人或者白种人，只要你仔细地去看，仍然会发现每一个人的肤质肤色是不同于旁人的。与肤色搭配适宜的时装能够帮我们变得更加动人，而与肤色不搭的服饰则会令我们黯然失色。早在美国20世纪80年代，被誉为"第一色彩夫人"的卡罗尔·杰克逊女士就经过多年的研究，帮人们制定出一套适合一年四季不同人群不同肤色的着装技巧，让女人都能在很短的时间内将自己的美丽完全地展现出来。一个女人，不管你长得好不好看，但一定要有对色彩的敏锐观察，一定要找到适合自己肤色的服装，不然，即使化上最时髦的妆，穿上最昂贵的衣服，也不会帮你成为魅力女人。

在着装中，考虑肤色、发色，才能让服装的色彩在最大程度上得以发挥，取得美的效果，令人惊叹。任何一个优雅的女人都不是出门之前随随便便地往身上套一件衣服就了事的，她们是经过长时间的经验以及女性天生对色彩的敏感而选择出适合自己的服装的，从而提升她们的整体气质，使她们看起来光彩照人。我们每一个人虽然不可能都像时尚女王那样出门之前一定要经过认真的装扮才行，但是我们一定要考虑肤色和着装的搭配，让我们成为周围小世界里的时尚达人。

当你对肤色和时装的搭配实在没什么经验的时候，不妨根据你的肤色，和下面的具体技巧对照试试。

对于皮肤白皙的女人，在时装搭配上具有很大的优势，因为白色是所有颜色的底色调，不管你是搭配明艳的高调色，还是暗沉的低调色，都能令你这个人散发出别样的气质。然而，肤色白皙的人有一点是值得引起注意的，那就是肤色过于白皙的人，可能会在视觉上给人一种苍白、近乎于生病的感觉，所以，如果你选择米色上装或者全身素装的话，就会加深别人对你的这种印象。肤色过于白皙的人，在着装上应该尽力避免这一点。

如果你的肤色暗淡，再搭配米色、暗色或者灰色的衣服，就会使整个人看上去精神暗淡，没有活力。肤色发黄的女性，不能搭配蓝紫色的服装，否则整个人看起来就像一个不伦不类的调色板，没有主题，整个模糊一片，不能给人留下深刻的印象。同时，土褐色或者暗绿色的服饰也最好不要穿。

肤色红润的女性，如果穿草绿或者蓝绿的衣服，会让原本就很好看的皮肤显得过红，甚至有红得发紫的感觉。而茶绿色的衣服，则会让你整个人看起来生动活泼，富有朝气。

肤色深暗的女性，搭配服装的时候一定尽量注意，不要选择加深自己肤色的衣服，比如深褐色、黑紫色或者纯黑色，白色对这样的一群人是一个很好的选择。如果肤色是古铜色或者偏褐色的话，那么选择浅色的衣服就能增加明艳度和色彩感。肤色暗沉并且发红者，就不适合穿浅粉或者浅绿的衣服了，但是浅黄就会使你的肤色变得很和谐。

想要在短时间内建立起自己的独特魅力，色彩绝对是一个可靠的捷径。想利用服装改变自己，增强自信，那就寻找属于自己的颜色吧！掌握了这些搭配之道，衣装和色彩就能够让你的出现变得更有分量！试问当你带着一种属于自己的大气优雅出现在众人面前的时候，会有谁不追随让人眼前一亮的倩影呢？

高跟鞋是魅力女王必备的"道具"

每一个女人都应该有一双甚至多双高跟鞋。高跟鞋，可以使一个女人完全地灵动起来，它不仅能增加我们身体的高度，还散发出了性感、妩媚的独特魅力，彰显了女性独特的美丽，大大提升了女人整体的气质。

事实上，大多数女性都知道，穿平底鞋与穿高跟鞋走路的感觉是完全不一样的。不妨试想一下，当你稳稳当当站在别人无法企及的鞋跟高度之上，那种骄傲、自豪、艳压群芳的感觉是不是棒极了！而且，穿高跟鞋需要平衡身体的重心，身体会不由自主地变得挺拔起来，步履轻盈，姿态优美，大气瞬间凸显，女性魅力彰显，气质自然得到了提升。

一个女人，即使你没有模特一般的高挑身材，即使你没有女明星们的迷人气质，但只要你选择一双彰显自己个人气质的高跟鞋，女人味就被提升到极致，散发出来的自信与风韵不言自明，你就离高雅近了一步，气质变得与众不同。

值得一提的是，选择高跟鞋的时候要非常慎重，穿高跟鞋时要讲究科学，才能淋漓尽致地演绎属于你的美丽。否则，不但不会成就自己的优雅形象，难以打造出大气女王"范儿"，反而会给自己的身体造成不必要的负担。

俗话说，鞋穿在脚上，舒不舒服只有自己知道，对于高跟鞋而言更是如此，要兼顾美观及舒适，并非想象中的如此容易。所以，以下我们为你拟出挑选高跟鞋的必读攻略，不如对号入座，选出最适合你的那一对。对通常的女性来说，5~7厘米是最受欢迎、最安全的美丽高度，穿起来既不会摇摇欲坠，又显得颇为优雅，能产生高挑挺拔之效。特别是5.5厘米的鞋跟，性感、易行走，就算是偶尔需要狂奔的时候，也能够轻易驾驭。

现实生活中，常常有些高跟鞋的脚步声不止是后跟落下去的那一下下，还伴随有后跟在地上短暂的拖拉声。要知道，这种声音传递给人一种垂头丧气的信息，一个没有精神的女人基本和美丽绝缘。女人穿高跟鞋的时候是袅袅婷婷的，要尽量将脚抬得更高一点，高跟鞋在地上应该是一步一个干脆利落的声音。一声声清脆又有力度的"咚、咚、咚"的高跟鞋声，会让别人情不自禁地联想到你是一个精神十足、热情洋溢、充满自信的女人。

穿高跟鞋弯着膝盖走路，的确能减少对膝盖的冲击，特别是那种鞋跟高且前掌比较薄的鞋子。可是，舒服归舒服，但整个人所呈现出的样子实在是大煞风景。

一个腿细长且笔直的女人，搭配一条短裙和一双高跟鞋，凸显了美腿的魅力。可是，当她膝盖弯曲着迈步的时候，是什么景象？走路时膝盖关节弯着，就好像上台阶一样，实在无法给人以美感，还会让她的气质大打折扣。

所以，想让高跟鞋成为自己的必备武器，那么不妨在平日里多练习一下走路的姿势。最最重要的一点，就是要挺直你的膝盖。

总之，高跟鞋会让女人产生独特的自信，从脚底升腾出新鲜感与时尚感，脚上的魅力一定会为你赢得更多的赞叹和尊重，让你变得与众不同。优雅女人的鞋柜里怎么能少得了一双衬托自己气质的高跟鞋呢？

饰物是一种永恒的美丽和诱惑

服装是设计师灵魂的表现，而佩饰却是女性灵魂的表现，是女人身上的艺术品。一件好衣服固然很迷人，却不一定会让你在别人面前大放异彩，而配饰却可以通过不可抵挡的装饰作用将女人独特的魅力传递出来。

配饰是每一个魅力女人必不可少的时尚"道具"，所以对于配饰一定要特别讲究，不要总是一双鞋、一个包、一串项链通杀所有衣服，那样会让你显得寒酸而匆忙。一般来说，佩饰可以分为三类：

第一大类是首饰，通常泛指全身的小型装饰品，包括耳坠、项链、手镯、戒指、发卡、头簪等。在现代生活中，眼镜、手表、胸花、发带之类也延伸到首饰系列里。

第二大类是衣饰，一般指项巾、领带、腰带、头巾、披肩、纽扣等，它们的艺术魅力主要来源于色彩、图案、质料或造型，能产生多种艺术效果。

第三大类是携带物，诸如挎包、提包、雨伞、扇子、墨镜之类，如今这些实用性的物品，正日益起着不能忽略的装饰作用，带来了意想不到的艺术情趣。

如何在众多的佩饰中选择最适合自己的，并恰到好处地驾驭它们，让其为自身的气场加分呢？来看看下面这些技巧吧！

选择适合自己的饰品

挑选配饰，要考虑佩饰的点、线、面是否与你的肤色、体形相配。

中国女性的肤色通常偏黄，适宜佩戴暖色调的珠宝首饰，可选用红色、橘黄色的宝石（如红宝石、石榴石、黄晶等），这样可衬托出黄皮肤人的秀丽和文雅。颈长的女士以长而直的发型，衬一对长链子耳环，凸显柔和婀娜的魅力；颈项粗短的人，佩戴细长有坠子的项链会增色；短发而脸圆的女士，卵形或长菱形的耳环，凸显可爱气质；梳辫子的女性，悬垂式钻石耳环，凸显神气；梳盘发或马尾式发型的女士，选择彩色的大型耳环，更显亮丽大气。

读懂配饰的隐喻性

珠宝、金银等配饰都具有较强的隐喻意义，它们的价值和光泽隐喻了富有、华丽；象牙、石质、木质饰品隐喻较强的厚度、质感和温度；水晶、玻璃等饰品则有透明、明快、纯洁以及清凉感。

一般来说，隆重的社交场合要佩戴高档的饰品，廉价的饰品一般在日常生活中佩戴。不过，有时也可进行巧妙搭配。比如，用高档的配饰配普通的服装，可提高服装的品质；将高品质的服装与低价格的配饰搭配，可提高配饰的品质。如此，气场不柔不硬，恰到好处，会令别人情不自禁地着迷。

饰品与服装相称，数量适中

懂得了用饰品为衣服画龙点睛时，还要注意饰品之间的风格、颜色、质地要统一，佩戴时要根据场合的隆重与否来决定饰品的数量，也要参考当季的流行。参加开幕典礼、剪彩、庆祝酒会等场合，可以将项链、耳环、胸针等全部戴上；出席商务酒会，或是平时的办公着装，耳环和胸针就足够了；穿晚礼服时，佩戴一条当下流行硕大无比的项链就足够了，耳环等饰物完全可以免掉，简单大方更显高贵；当然，如果你选择只戴一副流苏长耳环，那么头颈周围可以不用再有其他饰品。

注意饰品佩戴的部位

如果你悉心留意，就会发现，胸针的佩戴位置很有讲究。胸针，千万不能别在胸部的位置，而是要戴在锁骨的下面，这样气质会提升许多，人也会显得大气。不信的话，你可以自己对着镜子比较一下。

很多饰品都是如此，再以手镯为例，如果只戴一个，应该戴在左手上；如果是两个，分别戴在左右手上；如果是戴三个或三个以上的手镯（比较少见），则应该全部戴在左手上，切不可分别戴在两只手上。

总之，不要忽略小小饰品对气质提升的神奇效用，它不仅仅是一种装饰和点缀，更重要的是你可以用它们来调整平衡，强调和烘托装扮的某些艺术特点，凸显和谐、均衡、对比、互补的美化效果，给自己的衣装打扮来一点"画龙点睛"的神力。

美丽女人，
展示最迷人的
魅力

让你的美丽无懈可击

当我们看到杂志上那些精致的脸孔时，可能这些完美的面孔其实是靠化妆品堆出来的；可是当我们一转头发现身边一个素面朝天的女孩子真的拥有这样完美无瑕的脸的时候，原来让美丽无"瑕"可击，也是有可能的。要想成功地修炼成为一个美丽无瑕的女人，就必须在门面上下足功夫。

我们看一个人的时候，第一印象是"这个人好黑"或者"这个人挺白的"。所以，美白是每个女人都要做的第一件事，因为一个白皙的女人会更加生动地将女性的美展现出来，拥有更多追逐的目光，美白是我们刻不容缓的肌肤完善任务。

在给脸去"瑕"时，首先要了解保湿在此时所起的重大作用，只有时刻保持肌肤的水分，才能让皮肤充分地吸收营养。我们可以适当地根据我们的实际需要，选择一些具有美白保湿功效的面膜或者面霜。

斑点是美白的大敌，在美白伊始，我们要做的事情就是对付可恶的雀斑、黄褐斑，绝对不能允许这些小东西损害我们的美丽。很多人或许认为斑点是长在皮肤里层的，不能够去除，实际上这种想法是错误的。只要在我们发现斑点的早期，去正规的祛斑地点祛斑，色斑是完全可以祛除的。

有的女性在长斑初期盲目祛斑，结果不但没有真正地祛除斑点，甚至使色斑越来越多。祛斑既不能盲目，也不能不顾后果一味追求见效快。我们必须认识到它产生地原因，对症下药，知己知彼，才能安全的将脸上的色斑祛除。

除了色斑之外，还有一个美白的大敌。吃草莓的时候，有的女孩子总会不自禁地想起脸上酷似草莓的鼻子，那上面有我们深恶痛绝的东西——黑头，每个人都想处之而后快。但是，黑头或许比你还顽固，不管你使多大的力气虐待挤压可怜的鼻子，你都会悲哀地发现，它还是在鼻子上面。其实，除了挤压黑头，我们还有更温柔的方法来对待我们的鼻子：洗干净脸之后，用手指沾一些盐，放在鼻子上面轻轻地来回揉动，效果很好。但要注意盐有棱角，在揉搓的时候不能太用力，以免损害皮肤。鼻翼是重点揉动的部位，我们的手指应该从鼻翼向鼻尖靠拢，这样更容易将黑头祛除。

紫外线是皮肤的头号大敌，脸上的色斑就是因为紫外线的缘故产生的，所以，紫外线的防护应该是脸部美丽的重中之重。现在隔离霜或者防晒霜种类繁多，我们可以利用这些高科技来保护我们的脸。但是对于度数太高的防晒霜，除了暴晒或者长期在户外活动，我们应该尽量少用。因为度数高的防晒霜更加容易堵塞毛孔，不利于肌肤的顺畅呼吸。

而且，防晒的时候要更加注意加强眼部的保护工作，因为眼部皮肤相较于脸上的皮肤来说更薄，更需要保护。

在外部保护的同时，我们的内在也需要摄取一些对皮肤有益的元素。其中，维生素是女人永远不能缺少的东西。每一种维生素都有不同的功效，它们不但能够改善女人脸部表面的岁月问题，还能对女人身体的局部调理起到一定的作用，所以，作为一个女人，千万不能忽视了维生素，那是维持女人健康活力的重要物质。维生素C对皮肤健康的功效比较大，我们平时可以多使用富含维生素C多的食物，比如牛奶、海鲜、黄瓜、胡萝卜等。

在注意饮食的同时，我们还要注意生活习惯，往往皮肤坏死是因为那些不好的生活习惯引起的。一个养成良好作息习惯的女人，皮肤再怎么不好，也比那些经常抽烟、熬夜的女人健康。

当人在超负荷的时候，不但身体得不到休息，原本应该休养修复白天对皮肤产生的伤害的皮肤也不能很好地休息。这时皮肤会抗议，表现形式就是形成黑色素、黑眼圈和眼袋。所以，要想拥有一个好的皮肤，就应该让它在该休息的时候充分地休息。

美丽，是一种生活态度，是女人的资本。追求美丽，是女人一生要做的功课。展示自己的美丽，更是女人应该拥有的生活。成功的女人都懂得怎样经营外表，最大限度地展示自己的美丽，淋漓尽致地释放魅力，成为人生的赢家。

女王，也该苗条有形

拥有一个苗条有形的身材是每一个女人的梦想，没有哪个女人真正敢放任自己胡吃海喝。想做个美丽的女人，苗条的身形是不可缺少的。

在镜子面前或者在外面偶然看到自己身上的赘肉，原本很好的心情会在瞬间就消失得无影无踪。穿不进好看的衣服，戴不上亮晃眼的首饰，所有那些为女人增加亮点的东西在赘肉面前都黯然失色，所以有人一次次地下定决心要跟那些脂肪战斗到底。

拥有苗条的身形不仅让女人的外在美显得更加动人，更能增加一个人的信心。如果要问这个世界上什么样的女人最美丽，那么回答你的一定会是拥有自信的女人。只有对自己有信心了，女人的美丽才会感染其他人，才会对身边的人具有吸引力。

减肥要有决心，更要下狠心，但不是完全苛刻地限制自己，尤其不能够节食。当我们的身体无法得到足够的能源供应时，它会做出一系列的生理反应。我们就会变得整天无精打采，久了就容易营养不良、低血糖，最后厌食……如此，就不仅仅是一个肥胖的问题那么简单了。

25岁的Meyer身材高挑，脸上带着可爱的婴儿肥，给人的感觉既美丽又亲切。因为出色的容貌和身材，她被一个资深经纪人相中，经纪人推荐她去参加一个大型的选美比赛，优厚的奖金使Meyer动了心。

想到电视上的那些选美小姐个个五官清晰而精致，身上没有一丝赘肉，Meyer决定在比赛之前让自己瘦下来。随后，她开始了疯狂减肥，每天只吃一点低热量的蔬菜和水果，完全没有主食，在短短的几天内瘦了十斤。

到比赛的当天，当经纪人看到Meyer的样子时立刻惊叫起来："你怎么变成这个样子了？"原来，经过短期减肥，Meyer变得纤瘦无比，脸上的双颊也瘦得凹陷下去，又因营养不良显得神色疲倦。

"那些佳丽们大都身材瘦削，颇具骨感美，婴儿肥正是你与众不同的风格，能够让你很快从千篇一律的选美女性中凸显出来，但现在看来你几乎没有希望了。"经纪人用无法掩饰的懊悔口吻说。结果不出他所料。

减肥最健康的方法永远是运动和饮食的结合。每天进行一个小时以上的有氧运动，适合在饭后 45 分钟到一个小时之间，这时候身体是热量消耗最大的时候。运动完以后要补充水分，但是不能吃东西，因为一旦吃东西就将运动所消耗的热量补回来了。

在饮食方面永远忌讳暴饮暴食，当我们的胃在经过饿一顿饱一顿的不规律饮食之后，会发生强烈的抗议，这种不好的饮食方法不但使我们的身体像皮球一样一会儿胖一会儿瘦，对我们的健康也十分不利。正确的饮食方法是每天按时吃饭，在进食主食之前先喝汤，减少饥饿感，然后是蔬菜，最后是摄入少量的肉类。在肉类中，白肉的热量又是最小的，所以，可以多食鸡肉和鱼肉。

当吃到六七分饱，还能继续吃一点的时候，就应该立刻放下筷子，因为这时候你的身体其实已经饱了，只是大脑还没有收到饱了的信息，所以，如果你还接着吃，就是在增加多余的热量，长期下去就会堆积成脂肪了。

在日常生活中，还可以通过一些小事情来达到我们减肥的目的。比如上楼的时候，能走楼梯就绝不进电梯；自己能做家务的时候，就绝不把衣服放进洗衣机；在上下班的途中，可以尽量地将座位让给需要的人，即使是站那么一小会儿，对脂肪的燃烧也是很有作用的。

总之，能站着的时候就绝不坐着，能坐着的时候就绝不躺下，每天坚持一点，肥肉就会在我们的日积月累中悄无声息而又健康地消失不见了。

做个秀发飘逸的女子

头发也是展现女人魅力的一大因素，它能够影响一个女人的气质。举例来说，有的男人有着长发情结，他们喜欢追逐那些秀发飘逸的风情女人，这样的女人在男人眼中是优雅的，是有女性的魅力的，更让他们着迷。所以，想要成为魅力女人，不妨塑造一头飘逸的长发吧。

一阵风轻轻地吹过来，一个长发的女子笑脸盈盈地站在风里，吹动的秀发宛若丝绸一般浮动在她脸侧左右，映衬得这个女人恍若落入凡尘的精灵仙子，美得摄人心魂。

古人爱惜头发，对头发是有严格要求的，有"身体发肤，受之父母"的说法，头发是不能随意毁坏的。古时候的女子也总是秀发盈盈地出现在人们面前，显得温和、柔情。

然而，随着时代的进步和发展，在大街上有顶着各种颜色、各种发型的人不断出现，他们一遍遍地改变头发的长短和头发的颜色。很多人只是单纯地把头发当作是装饰自己的一个点缀品，很少有人把它当作自己身体的一部分，然而，头发和皮肤一样，都是一个人的门面，都是需要精心呵护的。

当我们在追求发型多变、颜色绚丽的过程中，我们的头发会被我们不知不觉地伤害了。秀发老化应该是很多女性没有意识到的问题，头发怎么也和皮肤一样会老化呢？然而，这是真的，因为我们不合理地对待头发，原本光泽滋润的头发变得枯燥，黯淡无光。

一些资深美发师提醒女性注意说："皮肤并不是人体最脆弱的部分，最脆弱的恰恰是大家不引起重视的头发。岁月的流逝和不合理的护理，都会加剧头发的老化，使其失去原有的光泽。"到了那个时候，女人再后悔就难了，因为发质一旦严重受损，想要恢复就不是一朝一夕的事情，所以我们必须提前做好防护。

很多人在洗头的时候就是简单地用洗发水快速地洗一下头皮，然而，真正的洗头方式是在洗头的同时轻柔地按摩头部，这样不但能将头发洗得更干净，还能促进头部的血液循环，使头发在一个更有利的环境下生长。一周洗头的次数最好控制在2~3次。一天洗一次，次数太多容易将头发生长所需要的营养素一起洗掉；而长时间洗一次的话，不但会使人看起来油腻腻的，还会影响头发的正常生长。在洗完之后应该用护发素再洗一次，很多人喜欢忽视这一步，但是护发素对头发却起到了很重要的保护作用。有条件的人可以去专门的发廊进行头发护理。

引起头发枯黄的另一个重要原因就是不合理的生活规律。有人为了减肥，盲目地控制饮食，虽然瘦了腰身，但却损伤了头发，使头皮得不到营养的滋润。还有人不喜欢吃果蔬之类的食物，导致便秘，而便秘也是头发枯燥的祸首之一。正确的做法是按照科学方法正确地减肥瘦身，多吃谷类和蔬果类的食物，使身体有正常的新陈代谢。

在每天的日常生活中，我们也可以在一些细节上做到对头发的呵护。当你外出时，可以戴一个帽子，使头发免受外面污染的摧残，或者从外面回家之后立刻对头发做一次清洗；理发的时候剪掉发梢已经干枯坏死的头发，以利于头发的继续生长；晚上洗漱完之后，别忘用黄杨木梳子梳梳在外暴露一天的头发，这样能减少头发上的灰尘；最重要的是，去超市买洗发水的时候，不是看什么牌子的洗发水贵就拿什么洗发水，而是要根据你的发质选择更贴近发质的洗发水。

就算是平凡的女孩，若有了一头飘逸的长发，自然也会变得美丽动人。亮泽的三千青丝，无疑是女人彰显优雅的一个重要方面。况且，乌黑顺滑的头发，也散发着健康的气场。想要做个有魅力的女人，那一定不要忽略你的头发。因为，美丽一定要从"头"开始！

巧用香水，
做一个芳香女人

有味道的女人更美丽

女人与香水的关系，如同女人与镜子的关系一样永恒。香水像是带有一种魔力，有味道的女人有气场，有气场的女人当然所向披靡。

香水是一种很神奇的东西，它会根据不同的人、不同的时间地点发出不一样的香味。每一款香水都有前调、中调和后调，前调指的是你对香水的第一印象，它的香味只能维持一分钟；而中调就是香水本身，这时候你可以完全感觉到香水独特的香味；后调则是香味最终的消散方式，是根据人的体温人本身的气味以及皮肤的酸碱值而变化的。

在购买香水的时候一定要充分利用自己的嗅觉，用心去感受一下，自己选的这款香水是不是让自己觉得身心舒畅，会不会让身边的人觉得不反感,如果符合这两个条件,那么这款香水就是你的魅力代言。

在闻香水味道的时候也不是任何时间都可以的,一般早上刚起来的时候,人的鼻子还没有吸进过多复杂的味道,这时候的嗅觉相对于其他时间段而言是最敏锐的,所以,这时去选购香水,更容易选出合心的。如果你错过这个最佳时间,那么就在吃饭之前去,因为一个人在饥饿的状态下,嗅觉也往往比平常更加敏锐。我们都有一个感觉,就是刚刚吃完饭之后,觉得自己整个脑袋都很混沌,这时候的嗅觉也是最迟钝的。

另外,一般女性在排卵期的时候,嗅觉比生理期时要敏锐,所以,生理期的女性最好不要去选购香水。同时,在选购香水的时候,我们不要一次闻太多的香水,因为那样会给我们的鼻子传达一个气味紊乱的气息,不利于我们辨别什么样的香水是让自己觉得舒适的。

除了用嗅觉选购我们需要的香水,还可以试用一下。香水一般分为沾式和喷洒式两种,沾式的香水一般都是香精浓度比较高的一类,这类的香水只要在皮肤上沾上一点点就足以发挥功效;而喷洒式的香水,香精浓度较低。你可以根据自己的喜好来选择沾式还是喷洒式的香水。但是不管什么香水,在购买的时候,你都可以去柜台,要求拿一个手帕或者直接将香水滴在皮肤上感觉一下香味,但是不能在同一地方同时滴几种香水,因为这样无法辨别出每一种香水的味道。

在试香水的时候,你必须给自己足够的时间去体会香水的味道,可以出去转转，感受一下香水的香味，或者把滴有香水的手帕带回家，觉得合适的话，第二天再去购买。在购买的时候需要注意的是，正规的香水都在香水瓶外标有标示，如果你买的瓶子上没有，那说明那瓶香水有可能是假的。

找到符合自己的香水味

你的周身散发出彩虹般的光芒，那就是你的魅力。我们的气质不仅具有色彩，还可以用味道来传递。而香水正是通过其独特的味道来提升女人的气场，可以使我们更加自信、更具魅力，如此当然所向披靡。

女人精致的妆容与得体的服饰，可以给人留下深刻的第一印象，但是令人永久不忘的却是身上那股若有若无的香味。那隐约飘散出来的香气，正是女人的无形装饰品，可以在不动声色间表现女性的独特魅力。

香水和女人身上一切有形的服饰、妆容、佩件皆不同，它无形地、幽幽地萦绕于身，能将我们带入不同的心境——自信、魅力、浪漫与优雅；它的美丽人们看不到、听不到，只能意会，也因此才会有"闻香识女人"这种意境。

值得一提的是，每个女人都会和某一款香水契合，这和人与人的相遇一样也需要缘分和机遇。也就是说，香水的运用需要与自我的气质浑然一体或相互补充，方能体现出个人特点，这是使用香水的最高境界。

优雅没有定式，它只为你个性定制，只要符合你的气质，有一种大气风范，那么你就是一个有魅力的女人。这也就代表着并不是每一款香水都适合你，但总有一款是为你而生的。

如果你坚强内向，谨慎小心，喜好安静，可以选择树木、乙醛、东方香等温婉迷人的香水，让浪漫温婉倾情而出；如果你活泼可爱，热情爽朗，可以选择曼陀罗花、香子小雯、柑橘调、甜香调等花香型香水，娇而不媚、烈而不浓；如果你喜欢简洁明朗，纯情文艺，可以选择纯净、透明的质感以及甜蜜的水果香型香水，自然之余香气若隐若现，诱发无穷幻想；如果你聪明理智，独立能干，可以选丁香、檀香、玫瑰香型香水，步履穿梭间轻洒幽香，可使你时刻成为焦点，魅力大增。

需要注意的是，香水必须与自己的身份相符合。如果你是一个年轻的少女，那么就不应该选用香味特别浓烈的香水，因为每个少女身上都有自己独特的香味，如果一味地使用香气浓郁的香水，不但掩盖住了自己身上本来的味道，还容易让别人觉得你不够大气。而年纪偏大的中年女性，适合选用香味较浓的香水。在购买香水的时候，我们自身最好不要喷洒香水或者佩戴香气浓郁的饰物，那样会扰乱我们对香水味道的识别率，不利于正确地选购香水。

说到底，找到适合自己的香水最重要，我们原有的气质能够因为它得到提升，毫不夸张地说，香水就是女人的一种优雅。

用对香水，散发迷人的气质

女人选用香水无非是想让自己的气质得到提升，让自己更具魅力。但是如果你不会正确地涂抹香水的话，不但不会为你的美丽加分，反而会引来身边人的反感。

在路上行走或者坐公交车的时候，我们经常能闻到身边某个人身上散发出来的香水味。有些让你感觉很舒服，心情愉快；而有些却是让你躲开都来不及的，这就是因为有的人不知道怎么正确地使用香水。

并不是说香水用得越多，你身上越香，效果就越好。每个人的体味不一样，而香水和体香融合在一起而产生的味道也不一样。所以我们必须根据当时的情况，合适地在身上的某些部位使用香水，否则，你就可能一不小心成为庸俗的代名词，不但不能让自己拥有气场，反而可能使身边的人对自己避之唯恐不及。

对于不同香水的使用，可以遵照香精以"点"，香水以"线"，淡香水以"面"的方式使用。香精是一种香味最浓烈的香水，这种香水只要一点就可以令你整个人长时间地保持芬芳。相比而言，香精浓度较低的香水则适合以"线"的方式洒在身上的某个或者某些地方，也能达到很好的效果。而香味最淡的淡香水，因为本身的香气就是若有若无的，因此不妨大面积地使用。

着装适用的各种原则，即时间、地点、场合原则，同样适用于香水的使用。我们要想让香水取得预期的效果，就必须在正确的时间、正确的场合和正确的地点用对香水。如果你去探望病人的时候，浑身散发着浓烈的香水味，很可能会引起病人的不适。

有一些场合对香水的要求是很严格的，比如在办公室上班的时候，或者出席什么重要会议的时候，适宜的香水会令你整个人神采奕奕，提升别人对你的印象分，但是如果你身上的香味过于浓烈的话，可能会搞砸自己的工作。

根据季节的不同，香水的使用方法也不一样。春天是一个美丽而敏感的季节，这个时候人体的各项感官功能都很敏锐，所以，这时候选用的香水味道应该相对比较清淡，可以令人感受到春天清爽的气息。而在炎炎夏日，如果你选择味道浓郁的香水的话，会使原本沉闷烦躁的感觉更加明显，所以，这时候选择香水，也以清新的淡香或者宜人的果香为主。

秋季和春季一样都是清爽的季节，但是，它又和春天不一样，它是一个万物开始凋零的季节。所以，用一些香味比较重的香水似乎能给人带来生的气息和活力。而冬天则是一个寒冷而干燥的季节，浓香水可以给这个季节增加一丝温暖。所以，根据每个季节不同的特性，我们使用的香水也是不一样的。

在使用香水的时候，应该将香水喷洒在不易出汗、脉搏跳动明显的地方，比如耳后、颈部、手腕等。因为根据香水的特性，随着温度的变化，香水散发的香味也不一样，温度高的地方，香味更容易发挥出来。

香水里面含有的有机物能腐蚀金属饰品，所以，如果要戴首饰的话，一定要在用完香水之后再戴，更不能直接将香水洒在首饰上。一般情况下，香水是不宜直接洒在衣服上的，因为有可能会留下污渍。不过在一些不显眼的部位还是可以的，因为这样不会看到香水的痕迹，还能保证一些敏感的皮肤不受刺激，同时也可以发挥香水的作用，帽子、袖口、衣襟等地方都比较合适。

香水还有安神的作用。当你感觉心情烦躁或者失眠的时候，将一些玫瑰或者茉莉花调制而成的香水在耳后滴上几滴，马上会起到镇定凝神的作用。

总之，要想拥有迷人的气质和独特的个人魅力，任何一个小方面都是不容忽视的。只有知道如何正确地使用香水，才能让香水在女人的身上发挥极致魅力，铸就女人味的极致发挥，把自己打造成为一个不凡的女人。

细微之处见大气，凝聚不一样的优雅

就算不是名媛，也该注重个人修养

一个人的气场不在于你一出现就有多少人追捧着你，而在于你出现，并且长时间地停留，和别人交流过后，还是有很多人在你的周围。拥有这样气场的女性必定拥有女王该有的大气，拥有别人没有的优雅，只有一个注重礼仪和修养的女人才能算得上是一个成功的女人。

有修养的女人自然会成为一个魅力非凡的女人，她们对别人有着致命的吸引力，而这种吸引力并不是单纯靠外在的因素，而是由内而外自然而然地散发出的气质和内涵，感染着身边的人。礼仪和修养不是靠光鲜亮丽的外表获得的，它们是人们自我意识的提高，是时间和知识在人体内的沉淀。她们有更高的追求和要求，她们严于律己，但是不苛刻待人。

有修养就像一首朦胧而精美的诗，让身边的人觉得好似读懂了，却又好似更有深意，让人想一直读下去。

有一个男士去相亲，上午约了一个女孩，下午还约了一个。通过一段时间的网上交流，这位男士觉得这两位女性都不错，所以，决定见面看看实际相处的效果，确定要选谁做那个陪伴自己一生的伴侣。其实在去之前，这位男士已经倾向于上午见面的那个女孩了，他看过照片，那是一个长得很漂亮的女孩子。

这位男士按照约定的时间到达了约定的地方，但是他苦等了一个小时，那个漂亮的女孩子都没有来，甚至都没有打电话来解释一下自己迟到的原因。又过了半个小时之后，这个打扮入时的女孩才姗姗到来，不过这位时髦的女孩还是没有向那个等了她一个半小时的男士解释一下迟到的原因，甚至忘了说一句"抱歉，让你久等了"。

但是，这位男士还是看在她是一个美女的份儿上没有和她计较。然而，接下来的一段时间却让这个一心来娶妻的男人如坐针毡，面前坐着的这位美女不但什么家事都不会做，甚至连一些文化常识都不知道。

由于上午的经历，男士已经对相亲不抱什么希望了。看到走进来的那个其貌不扬的女人以后，他更失望。但是，令他惊讶的是，这是一个多么聪慧、有修养的女子啊！尽管她长得没有别人好看，但是从她的一举一动中似乎都能感受到如沐春风的舒畅感觉，就是简单的吃饭，她都有本事让人觉得是在童话里一般惬意。她不光大方有礼，甚至对当前的时事都有自己独到的见解。一顿饭吃下来，这位男士觉得自己终于找到了想要共度下半生的佳人，他再看一眼在饭店里吃饭的那些打扮得漂亮的年轻美女，居然感觉没有一个比他眼前的女子这么有魅力。

一个人，如果只有一副好看的皮囊的话，那么这个人是绝对不可能用美丽来形容的；而一个有修养的女人，却可以摒弃外表，从自己的举手投足间散发强大的魅力。

礼仪和修养不是天生的，没有一个人生下来就是一个有修养、重礼仪的人。一个人的容貌是无法改变的，但是修养却可以自我提升。曾经有一位母亲说："一个女人的修养，大抵可以从厨房和化妆间看出来！"一个从脏乱的厨房和化妆间里走出来的女性，不管出现在别人面前多么光鲜亮丽，她都算不上一个有修养的女人。

要想提升自己的修养和对礼仪的注重，除了多看书以外，还要在日常的生活中严格地要求自己，不纵容自己的小错误、小习惯。当我们把修养培养成一种习惯之后，我们的内在气质就自然而然地得到了提升，那么我们离优雅女人的目标也就不远了。

粗鲁的女人，开口就丢了美丽

奥黛丽·赫本说："美貌的女性很多，但能从心底深处透出灵性的、优雅的美女实在太少。在美女中崭露头角的，一定是个气质美女。所以，假若你外表不十分称心如意，你就一定设法要让自己有气质，因为唯有气质能跟美貌抗衡。"而优雅的谈吐是决定气质的重要因素。

一个女人受不受欢迎，从她周身散发出来的气场有没有吸引力就能看出来，而气场则决定于她的内在气质，这和她的谈吐密不可分。一个满口粗话的女人，即使再漂亮，也没有人能够忍受；一个既不漂亮还谈吐粗鲁无礼的女人，更是走到哪里都招人反感的。一个女人的谈吐，在很大程度上影响着她的魅力。女人都是情感动物，很多时候，在遇见让自己心生不快的事情的时候，她会不注意场合、不注意言辞地抱怨，这样的做法无疑会让大家对她的印象大打折扣，甚至会心生厌恶。一个举止得体，谈吐优雅的女人，才能让人产生交往的冲动。

优雅的谈吐是一种艺术。俗话说"祸从口出"，教给我们的就是要注意自己的言行，不要什么话不经思考就冲口而出，这样是不能达到目的的。

我们在表达一个观点或者想法的时候，不能一开口就咄咄逼人，直抒胸臆，要考虑到这句话说出口会不会让别人觉得刺耳，这样的组织语言的方式是不是能完整地表达出自己的意思。在提出自己意见的时候，我们还要注意语调，不是任何场合都适合以大嗓门来高谈阔论的，我们要看自己处在什么样的环境下，聊的是什么话题，是不是值得自己激烈地进行争论。说出去的话，要恰到好处地体现出自己的修养和礼仪，不会让人觉得谈吐粗鲁，适当的时候可以加一些肢体语言，但是切记不能太过，否则会起到相反效果。

在和别人交流沟通的时候，如果话题显得枯燥，那么从你口里说出的观点就一定要圆润，适当地加入一些幽默，让话题显得更加俏皮可爱，可以继续并且深入地探讨下去。

女人天生就有一副好声线，千万不要让你的粗鲁埋没了你的优雅，学会控制声调，也是一种艺术。我们在说话的时候，可以让自己的声音显得更性感、更温情，让听者喜欢听我们说话。为什么有人唱歌好听，而有人唱歌简直要命呢？那是因为不能准确地控制和利用自己的声音。

明丽是一所大学的学生，她一向以我行我素闻名校内。在任何时候，这个女孩子都是在任性粗鲁地表达自己的想法，她很少关心别人对她的态度，也不关心自己对别人的态度。

在邻近毕业的时候，班主任让明丽写一篇论文，并且拿给某一个资深的专业教授看看，有不合适的地方，请他帮忙修改。就是因为担心这个年轻莽撞的学生，由于不懂得谈吐礼貌得体而坏事，在明丽去之前，班主任就给她好好上了一节礼仪课。但是，没想到明丽走进教授办公室的时候，依然是粗声粗气地叫道："某某教授在不在？"

大家都以奇怪的眼光看着明丽和那位教授。教授在学校是一个很有声望的人，从来没有人敢这样直接地喊他的名字，然而，他毕竟是一个有修养的人，教授依旧平静地说："我就是，你找我有什么事？"

明丽上前一步，把论文放在教授的桌子上说："这是我写的论文，你现在给我看看，有不对的地方给我改改。"教授说："你放在这里吧，我有时间就给你看看。"

没想到教授还没有不耐烦，明丽倒先发火了，她说："你现在就看看呀，我还等着要呢！"教授终于忍无可忍，说："你这是什么态度啊，谁说我一定要给你看？把你的论文拿回去，我没时间！"

在公众场合说话的时候，女人千万不要动不动就说脏话。和别人说话的时候也不要一味地嗯嗯啊啊，那样会让对方觉得你不够尊重人。在说话的时候一定要谦虚有礼，不要对方说了什么你不同意的话，就立刻毫不客气地出口反驳，要委婉地提出想法，征得认可。

优雅需要长期的修炼，它是一种从内而外散发出的美丽。

收起那些给美丽打折的小动作

一位在日本一所女子大学授课多年的老教授在细致观察了一些女性的行为举止后，总结出这样一个理论：与男性相比，女性更习惯做一些下意识的小动作，特别是当她内心不安、犹豫不决或不自信的时候，而这无疑将直接影响她的气质。

年轻貌美的 Apple 一直有这样的困惑：自己身材高挑，站有站相，坐有坐相，但为何仍不能用自己的美丽"征服"众人？直到一天，一位朋友很直接地指出自己丝毫感受不到 Apple 的优雅气质，而且很不喜欢 Apple。

朋友为何如此说 Apple 呢？他给出了如下理由："Apple，你知道吗？你平时的小动作太多了。和人说话的时候，你一会儿用手指卷头发，一会儿撇撇嘴；坐着的时候，你不能好好坐下来，时不时东张西望，身子晃来晃去的……"

大气和优雅是一种不慌乱、淡然从容的姿态，如果小动作太多，那么你的气质就会直接受损，更不用说成为一个魅力女人了。在生活中，你是不是和 Apple 一样，总是有意或无意地做出一些惹人厌恶的小动作呢？

捂嘴：一旦说错了话，总会下意识地捂嘴，这类事情你经历过吗？

虽然这让人觉得你诚实可爱，但是手捂住嘴的这个动作，已经向听者传达出你的话中含有不真实的成分，会让他人失去对你的信任。

摸耳朵：这个小动作是内向女人的"专利"动作，她们不喜欢用言语表达，但是摸耳朵的动作却早已经流露出了内心的情绪，这是表示迟疑或思考的肢体语言，通常所表述的意思是"你的话我不相信"或者"我还需要考虑一下"，拿不定主意。这样的表现飘忽不定，不够大气。

双手绞在一起用力：这个动作传达了非常紧张和不自信的信息。这类女人的心理语言是："会不会搞砸？要怎么样做？搞砸了可怎么办啊？"表现出了怯懦、自卑等个性，在这种心理下，自信、魅力，一切都离你远去了。

……

如果你经常有以上这些小动作，哪怕是只有一两个，你的魅力指数就会下降，你的美丽也会大打折扣。相反，如果你身上没有这些小动作，那么你很可能就是一个优雅女人，个人魅力指数也自然不低。若想魅力不减，就要多加注意，从头到脚，收起那些惹人厌恶的小动作，千万不要因这些小动作失礼于人前，要时时刻刻保持一种优雅的姿态，为自己加分。

提起法国女人，就会让人不由自主地联想到一座完美的城市，一些整天精心打扮、悠闲漫步在石阶小径的女人，她们喝花神咖啡、听法国香颂，哪怕身上只剩下一个法郎，她们也会选择为自己买一枝玫瑰花，时时刻刻保持一份美丽。

一个名叫弗朗西斯科·奥吉尔的女人就是这样典型的法国女人。她是一位下岗的女性，而且还离了婚，但她总是穿着得体——宽松外套、红色短裙和一顶钟形帽，并且配以适宜的妆容，举手投足间尽显优雅，并不时地朝人微微一笑。

"紧张快速的生活节奏已经不允许有优雅的生存空间了，为赶时间很多女人只能在拥挤的公车或地铁上大口大口地啃手里的汉堡而顾不上形象。但是我不会，我宁愿端坐桌前，举止文雅地一小片一小片撕好手中的面包，再从容地放进嘴里。"弗朗西斯科·奥吉尔如是说道。

尽管已经五十多岁了，但举止优雅的弗朗西斯科·奥吉尔浑身上下依然散发出迷人的气质。"我的祖母经常告诉我，'永远都不要忽视你自己，在任何一个细微的地方都不容懈怠'。"弗朗西斯科·奥吉尔笑着说道，并且做了一个从头部扫到脚趾的动作。

优雅无处不在，避免那些不必要的不雅小动作，动作请放缓一点，尽量优美一点、从容一点，你就能够让自己的魅力指数大增，塑造或重建自己在别人心目中的优雅形象，到那时，相信任何人都忍不住会多看你几眼。

优雅的走姿,让微弱的气场变强

女人的一举一动永远是人们注意的目标,走姿往往是最引人注目的身体语言。无论是在平日的工作中,还是在日常的生活中,女人走路的姿态,最能体现她的风度与活力。它是别人对我们仪态评价的依据,更是彰显女性魅力的一大要素。

试想,一个女人如果走路时弯腰驼背、低头无神、脚步拖沓、步履迟缓,甚至八字脚、"鸭子步",或者肩部高低不平、双手过于摆动,你是不是觉得她无精打采,没有自信,缺乏风度,看起来不够大气,更和优雅挨不上边?

回想一下,平时你是如何走路的?你的走姿够大气吗?走路姿势可以彰显一个人的魅力,要想在气质上胜人一筹,成为众人的焦点,就要掌握正确的走姿,走出自己的优雅来。一般来说,我们需要遵循以下要点:

抬头挺胸带着自信走路。在《红楼梦》里,关于林黛玉的走姿有这样两句描述:"闲静时似姣花照水,行动处如弱柳扶风。"古人看美女走路以柔弱娴静为美,因为这样的女子更能牵动男子的心,激起男人心中的保护欲。不过,现代社会的女人独立、自主、坚强,已不用像林妹妹那样,而要面朝前方，双眼平视，抬头挺胸带着自信走路，不要惺惺作态、故作扭捏，自有一种女性的诱惑。

要点是步幅应小，步速要紧，步姿轻盈。以此走姿行走，就会给人以文静、典雅、飘逸、玲珑之感，宛如"小夜曲"。尤其是穿长裙或旗袍时，你会发现身体被拉高，曲线更漂亮，女性的曲线特征明显起来，优雅瞬间就被凸显出来了。为此，你还可以穿上一双六厘米左右的高跟鞋，你会感觉胸部挺起，腹部内缩，整条腿向后倾斜，腰明显塌下去，臀位明显提高翘起，小腿也变得饱满起来，脚背成漂亮的方形，脚好像小了许多，走路的步子自然也就变小了，一副楚楚动人的样子。

尽量走在一定的韵律中。两眼前视，昂首挺胸，肩平不摇，干净利落地摆动两手，膝盖和脚腕都要富于弹性，具有鲜明节奏感，使自己走在一定的韵律中，犹如模特儿的走姿，这给人一种矫健轻快、从容不迫的动态美，气场呼之欲出。事实上，无论年龄多少、性别为何，人们都比较偏爱走路姿态轻盈快捷的人，而决定这种走姿的就是走路时的韵律，具有鲜明、协调的节奏感，能够使人感到我们是缕轻柔的春风，妙不可言。

优雅的走姿非一日之功，要靠平时自我养成。平常你可以训练自己，在地上画一条直线，你可以假想自己是名模特儿，直线是你的 T 型舞台，目不斜视，旁若无人，走在一条直线上，这样看起来就出挑多了。

走姿虽然决定于人的秉性，但与人的心情也有密切关系，它如同舞场的旋律，是为情绪打拍子的。与其说是走路轻、重、缓、急、稳、沉、乱等，不如说是人的内心或稳定或失衡，或恬静或急躁，或安详或失措的状态。所以，不必刻意去研究怎么样走路更有气势，那些只是外在的，根本学不出那种由内至外散发出的大气。一旦不注意的时候，走路的姿势就会随着你内心的变化而发生相应的变化，进而扰乱你的气场。走路时，最主要的是你要把自己的心态调正，保证稳定的情绪，抱着积极乐观的态度，还有充足的信心，走得稳而且直，这样走起路来自然就会有大气之感，而这种气势往往也最真实、最能感染人。

女人的走姿千姿百态，没有固定模式，或矫健轻盈，或庄重优雅，或精神抖擞，但只要能够增添女性健康、贤淑、温柔、高雅之魅力，揭示自身的风貌，表现自己的个性，那就是走出了自己的优雅、自己的美丽。

第三篇

心灵的力量

——闪亮的女人都有一颗钻石心

自信是点燃
奇迹的火柴

自信是美丽的起点

没有自信的女人,就算戴上一套高档的首饰,身着精良的时装,也换不来美丽;内心对自己充满欣赏与肯定的女人,即使没有倾倒世人的容貌,依然可以靠着那一份外露的神态以及言行中透露出的洒脱,令人折服。

自信,是一个女人潜在的大气。自信是女人最好的装饰品,当一个女人足够自信的时候,她的自信就会通过形态、气势、语言、动作等各个方面显露出来,自己的气场就变得不一样了。

W本来只是一名普普通通的银行职员,为了见识一下五湖四海的女孩,她报名参加了跨越不同肤色、不同种族、不同文化的环球小姐评选活动。她根本没有什么舞台经验，外表也不是最出众的，但她非常自信。

在分赛区的比赛中，她只得了第四名，但她还是积极地参与到总决赛的培训中，把自己最好的精神风貌带到总决赛。她所展示的一份自信的魅力，征服了在场的所有评委和观众。

比赛结束后，W恢复了本色。她非常珍惜银行的那份工作，她认为自信是对美丽最好的表现，她每天都会带着自信的笑容和充满自信的眼光看待每一件事、每一个人，是个十足的气质美女。如今的她已经是行里最年轻的副经理了。

自信就像一个大的发动机，它能提供给女人在任何一方面所需要的能量。无论最初的自信来自哪里，到最后它都可以转化为女人内心最真实的力量，引发我们散发出极其强烈的魅力，继而改变我们的精神面貌和生活态度。

从心中散发出那种恒久不变的自信，能让一个女人保持永恒的魅力，散发出优雅的气质。自信的女人是一道独特的风景线，不但绽放着灿烂的生命，同时也久久留在别人眼中乃至心中，成为挥之不去的美妙景象。

然而，究竟什么才能引发自信呢？我们一致的答案是：实力。只有有足够的实力或者潜力，才能使得一个女人充满自信，这时候她就会表现出一种非凡的美丽。世界上没什么成功是依仗魔力实现的，谁也不是天生的美女。初始我们都在同一条起跑线上，只是有些女人总是能主动展现自己的能力，培养自己的实力，最终造就了完美的自己。

气质这个东西，你可以用它来吸引人，也可以引导别人崇拜你，只要你相信自己是美丽的，只要你能够不断挖掘自己的实力，主动展现自己的能力。不管你外表如何，出身怎样，只要你有自信，你就拥有了美丽和高贵；只要你有自信，你就拥有了足够强大的气场；只要你有自信，你就是最漂亮、最具魅力、最优雅的女人。

有自信的女人对待生活和工作总是面带笑容，神采奕奕，信心百倍，她们的脸上永远透着自信的光芒，并且能够主动热情、积极向上地感染周围的人，将女性全部的美丽毫无保留地完全释放出来，赢得众人的喜爱。所以，如果你想做一个令人瞩目的女人，想让更多的人喜欢和你在一起，那么，请扬起自己自信的头颅吧。以自信来成就自己的不凡，相信无论在哪个场合你都是最动人的女子、最耀眼的焦点，如此你就拥有了整个世界！

接纳不完美的自己

没有一个女人是以完美的姿态来到人世间，上帝总是在给你某样东西的同时，从你身上拿走另外一些东西。

有时，一些女人为了遮掩自己的缺点，往往做出一些刻意炫耀自己或者干脆自暴自弃的行为，越是掩饰，周围的人越是会注意她的缺陷。一个对自己充满了怀疑和不信任的女人，怎么撑得起大气之姿？人们又怎么能够集中注意力去欣赏她美丽的地方呢？

每个女人都希望自己是别人眼中的完美女郎，都希望自己是一个优雅而强大的女人，但是很多时候，她们会发现自己离期望值很远，在自己身上总是有的某些地方或者某个部位让自己感到不满意。然而，要想自己变得更完美，女人首先要做的就是接纳自己的不完美。

皮克·菲尔说："积极的气场是一种类似彩虹的七彩光芒，非常绚烂，而当你心事重重或者身体不适的时候，那光芒就是浑浊的，七色就会缺失，这不是用任何一种护肤品或者化妆品可以遮掩得住的。长期维持一种积极或消极的气场，它对你一生的走向都会产生重大作用，尽管你很难抓住它，并把它放在显微镜下。"接纳不完美的自己，是一种自信的表现，会令一个女人展现出强大的气场。

没有哪个女人天生就能坐拥完美,也没有哪个女人注定一生平庸,改变的权利就在你自己手上。女人的美丽都是修炼得来的,一个天生貌美如花的女人,永远没有一个勇于修炼自己、完善自己的女人强大。女人的心态往往从根本上决定着她的未来,一个能够接纳自己不完美的女人,才有勇气和能力改变自己,才会走出光辉灿烂的人生路。

有位电车服务员的女儿一直渴望成为明星。可惜,在外人看来,她并不具备成为明星的条件,她长了一张不美的大嘴,还有一口龅牙。当她第一次在夜总会里演唱时,她千方百计地想用她的上唇遮掩她的牙齿,期望观众不会注意她的龅牙而去专心听她的歌唱。结果适得其反,台下的观众看她滑稽的样子。不禁大笑起来,女孩红着脸走下了台。

现场的一位观众觉得她很有歌唱才华,他很率直地告诉她说:"刚才我一直在专心观赏你的歌唱表演,我看得出来你想掩饰的是什么。你害怕别人注意到你的龅牙,对不对?"女孩听后,一脸尴尬。接着,他又说:"龅牙怎么了?没有人会在乎的,也许它还能够给你带来好运呢!"

听了这位观众的忠告,女孩打算此后不再掩饰自己的龅牙。每当她在唱歌的时候,她就尽情地把嘴巴张开,把所有的精力都置于歌声中。最后,她成为一位在电影及广播界享有盛名的双栖红星,她就是凯茜·桃莉,甚至很多喜剧演员都来模仿她唱歌的模样。

当我们在抱怨上帝给予自己丑陋的容貌或者臃肿的身材的时候，与其不停地诅咒着世界，倒不如回过头来认真地欣赏一下自己，那些被放大了的缺点其实并不值得你忧心忡忡、耿耿于怀，不管你认为它让你变得多么难看，多么不吸引人，它都不会自己消失。何不接纳自己的不完美，寻求改变呢？

人们总是说难以认清世人的真面目，其实人最难看清的是自己。只有面对真实的自己，才不会被世俗的目光所左右，才能追求自己的幸福和成功，优雅从容地拥抱成功。

告别自卑，改变见证奇迹

一个日复一日生活在前一天的困境中的女人，就只能永远不变地重复下去，然而，当你停滞不前的时候，世界却在马不停蹄地发生改变。女人，只有摆脱前一秒，勇敢地改变自己，才能创造奇迹。

当我们在否定命运、否定自己的同时，也会将自己和外界的光明完全隔离。很多人都说，当我们不能改变环境的时候，就改变自己。这不是一句空穴来风、毫无根据的话，这句话是经过世界上千千万万智者的切身体会得来的。如果一个女人因为自己不够成功、不够完美而抱怨，却从来没有想过改变自己，那她永远都只能是那个只知抱怨的人。

一个村庄里，有个名叫汉姆的年轻小伙，村里人提起他总要竖起大拇指。他长相英俊，身体强壮，而且博闻广识，喜欢帮助别人。可是，说到他那位刚娶进门的妻子，村民们却纷纷摇头。那个女人模样一般，瘦骨嶙峋，走路的时候总是佝着背、低着头。每每见到生人，她就会局促不安。她年龄比汉姆大，显得很老气，人们觉得汉姆的眼光有失水准。

优秀的汉姆很喜欢这个女人，他为她出的彩礼也很"贵重"——八头牛。村民们都认为汉姆昏了头，因为他们觉得那个女人根本不值这个彩礼。按照当地婚俗，男方必须送给女方母牛作为彩礼。一般人家只送两三头牛，如果送四到六头，就已经算是很高的彩礼了。汉姆送出的彩礼是八头牛，这种情形还是第一次发生。

后来，一个外国商人到村子里做生意，他听人们谈起汉姆用八头母牛娶妻的故事，觉得很好奇，就登门拜访了汉姆夫妇。可是，令他没有想到的是，汉姆的妻子并不像人们所说的那般害羞、平庸，她看上去非常漂亮，而且容光焕发，充满自信。

汉姆的妻子婚前婚后判若两人，这是怎么回事？商人为了解开疑惑，便询问汉姆。汉姆告诉他："我想娶一个值八头牛的女人，我认为我的老婆值这个数。她嫁给我之后，我也把她当作有八头牛身价的女人看待。她发现自己比村里其他女人的身价高，也就开始相信自己不同于一般的女人。这样一来，她的心态就改变了。当一个人对自己的看法发生了改变，什么样的奇迹都可能发生。"

一个害怕生人、走路不敢抬头的女子，因为丈夫的"彩礼"而改变了观念，找回了自信，成了外国商人眼中非常漂亮、容光焕发的女子。她的容貌没有改变，身材也没有改变，唯一改变的是她对自己的看法，由此摒弃了自卑带来的虚弱气场，有了自信者该有的大气，成为了一个气质美人。

一个愿意告别自卑心态、勇敢地做出改变的女人，具备了成为强大女人的先决条件。我们要时时刻刻关注镜子里的那个女人，要对她说："我一定可以成为优秀的女人，我一定要改变。"当女人下定决心，狠狠地改变自己的时候，离成为一个内心强大而优雅的女人也就不远了。

自信的女人是最美的！你要让别人看到自己明亮的眼神，自信的妩媚，从容不迫的谈笑，渗透骨子的优雅。你可以长得不够出众，也可以没有高贵的地位，甚至是生活得不富裕……但你绝不能因此失去自信。记住：改变女人命运的不是生命之中的任何人，而是自己。只要一个女人下决定改变自己，那么她就一定能够创造奇迹。

不要掉进自恋的怪圈

在古希腊神话中，有一个叫那西索斯的年轻人，他没有爱别人的能力，他能做的事情就是日复一日地坐在水池旁边，迷恋着水中自己的倒影，最后消失在自己的倒影中。这就是自恋，自恋是一种心结，是对自己的过分关注和爱恋。

在大街上随处可见玻璃门或者玻璃窗，而在这些玻璃制品面前走过的女人，不管是年幼的还是年长的，都会有意无意地把目光转向玻璃上映出的那个映像，来欣赏一下自己。注意仪表并不是坏事，然而，过分地关注自己，容易让女人掉进自恋的怪圈，而一个极度自恋的女人，一定不会是众人眼中的耀眼女人。

每个人都或多或少会有一点自恋情结。其实，自恋一点未必是坏事，它能增强一个人的自信心。然而，很多人把握不住分寸，显得过分自恋，这样的人无疑是掉进了自恋的怪圈，一个不能掌握自恋度的人是很难被大家接受和喜爱的。在外表方面，女人天生就比男人更关注这一点，她们可能会因为别人一个肯定或者否定的眼神影响自己的生活。每个女人都是希望得到别人的肯定的，每个女人也都有自己独特的美丽，然而，当女人过分地要求别人肯定或者自我肯定的时候，就可能会增加自己的自恋程度，在感觉上高人一等。

这样的女人，往往看不清自己，也看不清别人。当身边的人对她的这种自恋的态度嗤之以鼻的时候，她会认为这是对方的夸赞。她们的眼睛总是长久地盯在自己的身上，总能把自己的闪光点无限制地扩大，缺点无限制地缩小，而将别人的优点最小化，缺点最大化。

一个闪耀的女人，在肯定自己的同时，绝不会一味地否定身边的一切。她不会放任自己的自恋，因为自信不等于自负。优雅的女人永远不会认为自己是最美的女人或者最能干的女人。即使她认为自己与众不同，也不会矫揉造作地在人前展示出来，她会让那种别人无法抵挡的气势自然而然地流露出来，震撼身边的人。她们永远举止大方得体，说话谦逊温和。她们不会因为外界对自己高度的赞扬而迷乱了双眼，她总是能在那一片赞美声中冷静地找到自己正确的状态。

所以，女人要想由内而外地散发出美丽，就一定不能把自己局限在自我那个小小的世界，要毅然地走出去，坚决不停留在自恋的怪圈之中。

用坚强铸就闪亮的人生

抱怨会让生活变得更糟

生活中,你也许因贫穷而痛苦,也许因孤独而痛苦,也许因事业无成而痛苦,也许因身患疾病而痛苦……也许,你正千百次地抱怨着:上帝怎么这般不公?为何自己遭遇许许多多的坏事情,而有的女人看起来无比幸运,工作、生活顺风顺水?

的确,生活往往有不尽如人意的时候,但一心想强大的女人该清楚,一味地抱怨只是徒劳,只会让自己陷入更加纠结和不快乐的情绪中。内心如果凝聚一股消极的情绪,这种消极的情绪会带领我们走上更加糟糕和悲惨的人生路。

面对磨难,一定要及时进行自我调整,停止一切抱怨,换个角度审视自己和生活。有了这种积极的想法，内心自然也就充满力量，你就能够重新站起来，糟糕的事情也会变得柳暗花明，甚至让茅屋变成宫殿。不信的话，你可以看看下面这个真实的故事：

这是玛莎来到沙漠的第七天，她简直快要疯掉了！上周，玛莎的丈夫接到命令要到沙漠里参加演习，为了陪伴丈夫，玛莎也来到了这里。白天，丈夫去参加演习了，她只得一个人待在营地的小房子里。

"沙漠里简直太难受了，天气热得让人难受，即便是在仙人掌的阴影下也有华氏125度。更让人难过的是，这里没有人陪我聊天，我身边只有印第安人和墨西哥人，我们之间语言不通。我简直快要疯掉了！我想回家！"在信中，玛莎不停地向自己的父亲抱怨。

几天之后，玛莎收到了父亲的回信。信的内容很短，只有两行字："停止抱怨！两个人从牢中的铁窗望出去，一个看到泥土，一个看到繁星。"这句话让玛莎心头一颤，她明白了父亲的意思，惭愧之余，她决定在沙漠中寻找"繁星"。

于是，玛莎开始努力与当地人交往，而他们也非常乐意和玛莎交流。慢慢地，玛莎对当地人的纺织和陶器产生了兴趣，当地人也很大方地把一些纺织品和陶器送给她。后来，玛莎又开始研究沙漠里的那些植物，观察土拨鼠。有时候，她还和当地人一起看沙漠日落，寻找几万年前沙漠还是海洋时留下的海螺壳。

原本枯燥无聊的沙漠环境，变成了令人兴奋和着迷的奇景。玛莎的生活变得丰富多彩多了，她不再有那么多的抱怨，也不再一心想着回家了，而且她发现自己已经深深地喜欢上了这个地方。

故事到这里就结束了，但它带给我们的启发却刚开始：沙漠环境没有改变，人也没有改变，所有的事情都没有改变，但是当玛莎停止抱怨、学着适应沙漠环境的时候，她变得开朗热情了，她的态度使得她的生活发生了改变。积极面对生活的她变得淡然，举止当中多了几分从容，多了几分大气，从而她的生活也发生了翻天覆地的变化。

看到这里，你一定也明白了，不满意当前的现状，理想中的自己想要往东，而现实中的自己却偏偏往西，心态就会处于飘忽不定的状态中，一味抱怨现状只会为接下来的不幸埋下伏笔；而摒弃抱怨、主动适应环境的女人，无论命运如何多舛，她也能改变命运，以优雅迎接新生。

体悟一下自己的生活，你是愿意愁眉苦脸地抱怨着走过，还是笑着品味它带给你不一样的感受呢？接下来要做的，就是我们刚刚说过的，相信你已经很清楚了！打消抱怨的念头，坚强起来，你也会拥有大批的追随者。

怯懦是闪耀人生的天敌

生活中遇到的磨难就像是安装在生命上的弹簧，你越害怕它，它就越猖狂；当你积极面对，以一种强势的姿态出现的时候，它就会显得弱小，甚至无足轻重。怯懦是成功路上的敌人，若是习惯于怯懦，那整个人只会表现得畏首畏尾，小家子气，没有任何生机和活力，注定无法散发出强大的气场来，甚至会招人反感。就连哲学家苏格拉底也说："人失去了勇敢，就失去了一切。"

换一句话说，你要想成为令人瞩目的女人，首先要战胜内心的胆怯，做到无惧无畏，内心单纯，心无杂念，勇敢地去为自己的未来付出行动，从而才能找到改变命运的出口，拥有优雅的气质和非凡的人生。因为在这个过程中，你会不断地向命运提出挑战，也就能不断地挖掘潜在的能力，受益终生。

有这样一个美国女孩，她在很小的时候就梦想成为一名世界级的滑雪运动员，她从五岁开始学习滑雪。但是，命运跟她开了一个大玩笑，当她12岁时，医生宣布她得了骨癌，为了保住生命，她被迫锯掉了右腿。

天啊！锯掉右腿？对于一个风华正茂女孩子来说，这是多么惨痛的一件事情，更何况她还有热爱的滑雪。开始的时候，女孩子害怕极了，她将自己关在屋子里,哭哭啼啼,心理布满了害怕、绝望、迷茫……

后来,父母带女孩去认识一位老兵。这个老兵也只有一条腿,但滑雪技巧极佳。在那儿,女孩重拾往日的信心,她变得勇敢起来,踏上单脚滑雪的学习生涯。单脚滑雪,并不是件容易的事,必须训练很好的平衡感。女孩经常摔倒,但是她认为自己必须要勇敢地再爬起来!要不断挑战自己、战胜恐惧,绝不被骨癌打败。

她以顽强的斗志和无比的勇气,战胜了无数常人想不到的痛苦,最终她创下了多项世界纪录。

可是,噩运之神却仍不断盯着她!在30岁那年,她又罹患了乳癌,两个乳房被切除。手术苏醒后,她不断哭泣:"我已经切断一条腿,老天为什么又要拿走我的双乳?"很长一段时间里,她都没有勇气在澡堂、游泳馆等公共场合脱下自己的衣服。

直到有一天,她勇敢地站在了镜子前面,她久久地注视着自己断了右腿、缺失双乳的身躯,最终悟出了道理:"我大腿上、胸脯上的伤痕都是很了不起的!这都是我生命的痕迹!它们告诉我:我没有在生命中怯懦过、退缩过!"从那时起,当她再去游泳池时,就能坦然地在女生浴室里裸体淋浴了!

不久后,在做年度身体检查时,大夫无奈地告诉她:"你的癌症已经控制住了,但你的子宫里有一个很大的肿瘤,很可能转化成恶性,所以,我们只好拿掉你的子宫。""什么?拿掉我的子宫?剥夺我生小孩的权利?"

她不断哭泣着,甚至想过了自杀!不过,当平静下来时,她又想到那振奋自己的话:"'疤痕'是生命的痕迹,它们告诉我:我没有在生命中怯懦过、退缩过！"于是，她再一次坦然面对生命，勇敢地站了起来！她一直激励自己："我要为自己的生命负责，绝不放弃！"

后来，她成为了一名励志演讲家，她将自己勇敢抗争命运的故事分享给了众多的人："嘿，那只不过是一对乳房而已，它本来也并不怎么大嘛！"她的追随者也越来越多。

噩运之神不断盯着上文中的女孩，开她玩笑，但是她告诉自己不要在生命中怯懦、退缩，而是勇敢地挑战那些艰难险阻，毫无疑问她是勇敢而坚强的，这样的她也是优雅而美丽的。她顽强地面对生命的一次次挑战，她的大气从容成为了一股势不可当的征服力，最终改变了自己的命运。

有一位女作家在采访的时候对记者说："我年轻的时候和很多女孩子一样，追求新鲜和刺激，肤浅不知世事，然而，在经过一些磨难之后，我才渐渐成熟，也明白很多人生的真谛，虽然克服磨难让我心力交瘁，甚至变得容颜沧桑，但是却增加了我的魅力。我先生说如果他遇见的是年轻时的我，就一定不会选择我来和他共度余生。"

在遇到挫折或者磨难的一瞬间，从容地面对，就能够在这样的经历中磨炼出自己从容优雅的心态和行为举止，让自己像一堵坚实的墙，挡得住风霜雪雨，让它们像寒冬中的梅花，散发出严寒之后倔强凛冽的香。这样的女人，自然而然地有种吸引力，能够将周围的目光牢牢地吸引在自己的身上。

世界是一个大的竞技场，通过不断地磨炼来淘汰一批批不能在磨难中坚持下来的人，而取得成功的那些，往往就是生命的强者，世界的宠儿。只有经得起磨难的女人，才有资格取得成功，才能完整地修炼自己，成为一个王者。

把挫折看成自己的财富

在人生旅途上的挫折面前，人们无不希望挫折能摇身一变成为光明的坦途，这样就能让自己轻松行走在人生路上。但困难挫折总是在所难免的，想让挫折主动变成坦途只能是一种痴心妄想。不过，挫折变坦途不是没有可能，关键是自己要发愤图强，努力奋斗。因为它们不是拦路虎，而是垫脚石。只有我们笑对挫折，勇敢前进，我们的人生才能精彩而丰富，我们才能在未来的旅途中少一些磨难，多一些顺畅。

在漫长的人生旅途上，既有宽阔平坦的康庄大道，也有崎岖不平的山间小路；既有娇艳欲滴的美丽鲜花，也有蓊郁葱茏的荆棘丛生。无论是坚强的男人还是柔弱的女子，谁都难以逃脱这份注定的"幸运"。但是一个人对待挫折的态度却能将这份"幸运"悄然转化，就像有人说的那句"我们不能够左右天气，却可以改变心情"。

一年前，在一次考试中，丹尼尔教授给一位将要毕业女学生海伦打了个不及格的成绩。这件事对海伦打击很大，因为她早已做好毕业后的各种计划，现在不得不取消，真的很难堪。她只有两条路可以走：第一是重修这门课程，下年度毕业时才拿到学位，第二是不要学位一走了之。在知道不能更改后，她大发脾气，向教授发泄了一通。丹尼尔教授等待她平静了下来后对她说："你说的大部分都很对，确实有许多知名人物几乎不知道这一科的内容，你将来很可能不用这门知识就能获得成功，你也可能一辈子都用不到这门课程里的知识，但是你对这门课的态度却对你大有影响。"

"这是什么意思？"海伦问道。

丹尼尔教授回答说："我能不能给你一个建议呢？我知道你相当失望，我了解你的感觉。我也不会怪你。但是请你用积极的态度来面对这件事吧。这一课非常非常重要。请你记住这个教训，以后你就会知道，它是你收获最大的一个教训。"

后来海伦又重修了这门功课，而且成绩非常优异。不久，她特地向丹尼尔授致谢，而且非常感激那场争论。

"这次不及格真的使我受益无穷，"她说，"看起来可能有点奇怪，我甚至庆幸那次没有通过，因为我经历了挫折，并尝到了成功的滋味。"

从故事中我们可以感受到，尽管挫折使我们痛苦，但同时又是一种考验和挑战，激励我们成长、成熟。其实，这也是生活的一种方式。也就是说，问题的关键不在于挫折的有无和强弱，而在于我们对待挫折的态度。有些挫折看上去很可怕，可是更可怕的是我们对它屈服。对付挫折有许多方法，可以尝试着驱逐它、磨平它、克服它，只要我们有信心、有勇气，我们就能踩过泥泞，走过风雨，成功就在我们面前。

古往今来，有多少仁人志士直面人生的困苦，战胜人生的挫折，最终给世人留下永恒的记忆。"山重水复疑无路，柳暗花明又一村"是陆游的路，他能直面人生挫折，是如此地自信；"千磨万击还坚韧，任尔东西南北风"是郑板桥的路，他能阔达地看待人生，是如此地坚毅；"苦心人，天不负；卧薪尝胆，三千越甲可吞吴"是越王勾践的路，他能蔑视人生挫折，是如此地坚强。

其实，在我们每个人的人生旅途中，没有一个人不会经历挫折。面对挫折，我们要具备百折不挠的意志。意志是人类思想的主宰，只有用顽强的意志来坚定战胜挫折的信念，才能有向挫折挑战的筹码。即使我们一百次扑倒在地，也要有第一百零一次站起来的勇气！即使已经一无所有，也要有继续尝试的勇气！

在挫折面前，我们不要慌张。有一些人偶尔经历了某次打击就在心里想"我不行"，再努力也是白白浪费时间，进而得过且过。这样在挫折面前缩手缩脚，人生就会白白虚度。对待挫折，我们应该抱着正确的态度，把挫折当成我们人生路上的试金石。因为很多时候，挫折对一个人的品格与修养都是极大的考验。鲁迅彷徨过，哥白尼忧郁过,伽利略屈服过,歌德、贝多芬还曾想自杀过,但他们通过斗争,最终都坚定地走向了真理,更加磨炼了自己的意志和毅力。只有战胜风浪,才能够如"闲庭信步",获得胜利后的喜悦,取得最后的成功。

经受挫折没有什么大不了,关键是要在挫折中变得聪明、变得坚强、变得成熟、变得完美,这样才能把每次挫折都变成一次锻炼自己、完善自我的机会。

诚然,面对人生挫折,人们无不希望变挫折为坦途、赢得人生辉煌,但要战胜挫折,关键在于自身的发愤图强,努力奋斗。古谚曰:"失败是成功之母,苦难乃人生财富。"其本意在于引导人们对挫折认真总结,吸取人生教训,科学地调整自己,积极寻求战胜挫折的方法。这样,挫折就如同"人生的良师",引发我们变坏事为好事,一步一步走向成功。如果在挫折面前消极忍耐,怨天尤人,甚至自暴自弃,那么,苦难永远是苦难,挫折始终是挫折,"失败"这个母亲无论如何是生不出"成功"这个孩子的。所以,我们对任何事情都必须做好两种准备。不管怎么样,失败了就是失败了,要有一个好的心态去面对,要为自己的未来做计划。这样,每次的失败都将是对自己的锻炼,让自己变得更加强大。

挫折不是拦路虎,而是垫脚石。只要我们笑对挫折,勇敢前进,我们的人生就会精彩而丰富,我们在未来的旅途中,就会少一些磨难,多一些顺畅。

当我们具备了正确对待挫折的态度，我们就有了坚强和智慧，而挫折在我们的坚强与智慧面前也会消匿于无形。与此同时，挫折本身也带给了我们难得的财富，磨难造就的坚强就是其中之一。

做一棵独立的树

有人说"女人是男人身上的一根肋骨"，但一个优雅大气的女人绝不会只做男人的肋骨，她们懂得为自己而活，从男人的身体里独立出来，成长为一棵经得起沧桑的树。

一个长期在优越的环境下或者在男人保护下生活的女人就像关在笼子里的鸟，依赖着别人的给予，慢慢地会失去独自生活的能力。然而，社会的竞争如此激烈，社会每时每刻都是在向前发展着，而她却那么早地躲进了温床，倘若有一天她失去了庇护，被人嫌弃，受伤的只能是自己。

在著名女诗人舒婷的诗歌《致橡树》中有这样的诗句：

我如果爱你——

绝不像攀援的凌霄花

借你的高枝炫耀自己；

我如果爱你——

绝不学痴情的鸟儿

为绿荫重复单调的歌曲；

也不止像泉源

常年送来清凉的慰藉；

……

我必须是你近旁的一株木棉，

作为树的形象和你站在一起。

……

你有你的铜枝铁干

像刀、像剑，

也像戟；

我有我红硕的花朵

像沉重的叹息，

又像英勇的火炬。

写得多好，女人既不靠男人在抬高自己的身价，也不单单是在男人寂寞的时候送来慰藉，而是作为树的形象，和他并肩而立，有自己红硕的花朵，独立的形象。

一个独立的新时代女性，她们有头脑，可以用睿智的手段取得自己想要的幸福。她们同样有着独立的性格，有自己的思想，她们懂得为自己而活，而恰恰是只有懂得自爱，为自己而活的女人才能得到真正的幸福。

泡泡训练，让内心更强大

每一个人的身体无时无刻不与周围环境进行着能量交互，但有时外界的气场并不健康，甚至是负面的，这时候我们就应该阻止这种能量交互，如何保证心灵不受其影响，而且如何做呢？那就是要建立起强大的心灵屏障！

在这里，有一个形象又生动的比喻：泡泡。吹起一个大大的泡泡，让自己钻进里面去，这个泡泡就像一层保护膜一样可以将我们自身气场所发出的振动波聚拢到一起，而把一切不健康的振动波都挡在外面，如此我们便不再受外界气场的影响。

那么，如何进行这种泡泡练习呢？具体做法如下：

双脚贴近地面，平缓而有节奏地呼吸，尽可能地使自己放松和舒适，集中精力对自己说"我非常地平静，非常地放松"……随着每一次的呼吸，感觉自己随着吸气变重，随着呼气变轻，感受地面和身体的能量交换。

想象周围有一个泡泡出现了，它在慢慢地靠近你，感觉它正在包裹你，你的脑袋、你的双臂、你的脚底。现在你是不是全部都在泡泡里面了，头没有露出来，脚也没有露出来，后背也被结结实实地包住了？嗯，你完全在泡泡里面了。注意，这时候一定要集中精力、心无旁骛，你投入的专注决定了泡泡的保质期。

在这个空间有限的泡泡里面，气场能量自由地流动，你是不是感觉很放松，也很舒适？而且，你是不是会惊喜地感觉到原本体内朴实无光的气场开始散发出光亮？即便是这种变化十分细微，但你依然感到精神焕发。

看到这里，相信有些女性朋友会提出疑问："泡泡是不是人际间的一种隔阂，会使自己在别人眼里变得淡漠和冷酷？"不用担心这样的问题，别人是看不到你的泡泡的，除非是他们想威胁你，但是你的泡泡正在阻止这种威胁。

那么，泡泡应该有多大？是不是越大越好？非也！泡泡扩展的范围越大，气场能量越不容易凝聚到一个中心点，一般来说扩展至身体周围的四五英尺最好。不过有些人也会让泡泡紧贴着皮肤，就像戴橡胶手套或穿潜水服一样，这样他们更容易感到气场能量像火山一样在体内蠢蠢欲动。所以，泡泡的大小以遵从内心的感觉为宜。

营造好自己的泡泡后,继续保持平缓而有规律的呼吸,你还可以对它进行某些改良。

给你的泡泡涂上喜欢的颜色,红的或者黄的,绿的或是蓝的,只要是你喜欢的就行。在心理学上,每种颜色代表着不同的心情和状态,颜色的选择可以代表你的内心变化。如果你想让泡泡变得更迷幻,那么不妨多涂上几种颜色,五颜六色就像彩虹一样,气质不一样,周围的气场自然也变得非常美妙了。

若你喜欢作画,那么就发挥自己的想象力在泡泡上画上能够起到庇护作用的图像。一般来说你可以选用一些带有信仰色彩的图像。

做好了泡泡,我们是不是就可以高枕无忧了?不是!外在负面振动波会时刻攻击泡泡、泡泡难免会受伤。比如,危险降临时,它会压迫你的泡泡,如果你不及时对这个泡泡进行修补的话,那么20分钟之后泡泡就会破掉。

所以,建议你最好每隔一两个小时就做一下泡泡练习。当你反复练习,时时刻刻地维护泡泡、修补泡泡,让泡泡处于安好状态,那么泡泡的力量就会很强大,有效地阻碍外界振动波的入侵,起到心灵屏障的作用。

学会了泡泡练习,外界的消极气场进不来,也没有办法干扰你,如此别人就威胁不到你,而你又能在一个属于自己的空间里做自己喜欢做的事情,感受舒适的、放松的幸福时刻。这正是坚强的你该享有的待遇!

做个意志坚定的女人

意志力决定了气场强弱

皮克·菲尔教授曾说：意志创造了人，同时它也在控制人。意志力是这个世界上获得成功的唯一源泉，它在很大程度上决定了一个人由内而外的气质。我们看到很多才华横溢的人，最终一事无成，甚至轻易地就被困难打败了，或是迷失了方向，这就是缺乏意志力，在该坚持的时候选择了放弃。所以，女人想要自我提升，成为一个优雅的女人，那么在困难面前就必须提高意志力，因为它能够为你赢得更多的人生财富和幸福。

海明威在《战地春梦》这本有关第一次世界大战的小说中写道："世界击倒每一个人，之后，许多人在心碎之处坚强起来。"在遇到挫折打击时能够爬起来前行，在面对重压时依旧傲然挺立，不放弃自己的理想，坚定自己的方向，这就是意志力对人所起的积极效用。

1880年6月27日，海伦·凯勒出生在美国亚拉巴马州北部的小城镇——塔斯喀姆比亚。幼年时期，一场猩红热夺去了小海伦的视力和听力。这个可怜的孩子从此陷入了黑暗、寂寞的世界。

困境中的海伦没有绝望，反而接受了生命的挑战。

在导师安妮·莎莉文的帮助下，海伦·凯勒学会了读书和说话，并开始和其他人沟通。最关键的是，安妮·莎莉文将自己的"爱与奉献"灌输给了海伦·凯勒，这种观念影响了海伦、凯勒的一生。后来，海伦·凯勒有这样一句非常形象而生动的话："当一个人感觉到有高飞的冲动时，他将再也不会满足于在地上爬。"

在意志力的支撑下，不可思议的事情发生了。海伦居然成功地在美国哈佛大学拉德克利夫学院完成学业，成为一个学识渊博，掌握英、法、德、拉丁、希腊五种文字的著名作家和教育家。随后，她走遍美国和世界各地，为盲人学校募集资金，把自己的一生献给了盲人福利和教育事业。

海伦用她无比坚定的意志奔走呼告，每一个人都被她强大的精神气质所感染，慷慨解囊，帮助她建起了一家家慈善机构，为残疾人造福。海伦·凯勒也成了一个时代的偶像。

我们可以把海伦·凯勒的事业称为人性的光辉，但海伦·凯特能够取得如此伟大的成就，除了她在从事一项伟大的事业之外，关键在于她的身上存在着非凡的气质，她的坚强成就了她的大气优雅，以此让每一个与之接触的人愿意帮助、加入到她的事业中去。海伦能做到这一点，是因为她有着坚定的意志力，还有对生活的无限热爱。

每个人都有意志力，它就潜藏在我们的身体之中。当它爆发的时候，我们无往而不胜；当它沉默的时候，我们一事无成，只能够叹息命运不佳。所以，不想一辈子做个平庸的女子，就试着引爆你的意志力吧，总有一天你会知道，它的价值不可估量！

优雅的气质，在于坚持多久

人生没有到最后一刻，没有什么事情是不值得坚持的。气质与人的意志力密不可分，这就如同一个人需要灵魂，宇宙需要最核心的动力，否则扩张就会停滞。

世界不是在理想的环境下运行，我们每个人都会在人生中经历各种各样的困难。之所以在同样的一个环境下，有的女人成功了，变得魅力非凡，有的女人却庸庸碌碌，在抱怨和困苦中度过一生，原因就在于意志力的坚定与否。一个意志坚定的女人，在面对打击的时候，依然傲然挺立，咬牙坚持下去，不管是什么样的挫折，都阻挡不了她们必胜的决心。在她们的字典里根本找不到"放弃"这两个字。因为在她们的心里，放弃不但意味着放弃自己的理想和坚持，更意味着放弃自己的整个人生。

不管做什么事，都必须始终保持强大的意志，督促自己谨慎而坚持。唯有一个有坚定意志力的女人，才有可能练就出超脱的实力。如果一个女人在困难和压力面前选择和放弃，那么她的意志力也就开始松懈了，她的实力也就没有了发挥的平台。除非你是真的决定从此以后放任自己像一摊烂泥一样生活在这个世界上，否则，千万不要轻易地放弃。

芭芭拉·沃尔特斯，电视史上的第一位女主播，在她以前，从来没有一位女性踏上这个男性专属的领域，然而，沃尔特斯做到了。她不但迎面走了上去，而且在那个位置上做得有声有色，还获得了有"电视界奥斯卡"之称的艾美奖，成为20世纪最有影响力的妇女，是当时美国身价最高的女主播。

在沃尔特斯进军主播界的时候，美国广播公司以高额的年薪请沃尔特斯和著名的男主持人哈里·里纳森共同主持，然而媒体和观众却认为请女主播来主持节目破坏了节目的严肃性。在这段时间，沃尔特斯经历了她这一生来遇到的最多的指责和谩骂。她的性别甚至口音都成了别人攻击的把柄，沃尔特斯似乎在一时之间成为所有人的公敌，"每天都有可怕的新闻在等着我，只有回家才能逃脱，我感觉到我快坚持不下去了，我的生命好像突然失去了保护而备受威胁。"沃尔特斯曾经这样说。

幸运的是，ABC新闻社的总裁对沃尔特斯伸出了援助之手。沃尔特斯为了证明自己，不断地强迫自己挖掘更大更具有爆炸性的新闻。经过自己辛苦的奔波，她终于成功了，她成为美国电视新闻的"第一夫人"，她震撼了新闻界。

沃尔特斯从来没有报复过那些曾经强烈抨击她或者瞧不起她的人,她原谅他们对她的所作所为,她说自己甚至要感谢那些人,如果不是他们,也许沃尔特斯就不是今天的沃尔特斯。人生总是有许多不如意,"我会带着一颗宽容和感恩的心继续生活和工作"。

每一种成功的背后,都有不为人知的心酸,但每一种成功也都有个共同的秘诀,那就是坚持。善于坚持的女人总能锻造出一股强大的感染力。也许你会无视一滴落在地面上的水,但你若看到它能够把坚石滴穿的时候,你怎么可能仍旧无动于衷呢?你肯定会信服,但你不一定能够像它那样。

生活中的打击都是插曲,那些失败也不意味着成功就此终结。当你因为失败而丧失了自信和意志之后,你就会认为自己不适合做那些事情,转而想要过得安稳和踏实一点,你就会向人生的困难低头。这个时候,你难以维持自己的优雅,你会一点点地朝着负方向倾斜。所以,陷入人生低谷的时候,要时刻提醒自己你所留意的,你想要的;更要告诫自己,这些问题不会一直纠缠着你,无论境遇多么艰难,都不能够让生命陷入其中。坚持不懈地去努力,就像你从未遇到失败一样。凭借毅力和弹性去追求自己期望的目标,必然可以得到你想要的!

铿锵玫瑰，在忍耐中积蓄能量

由内而发的优雅，是以良好的心态和意志力为支撑的。看看那些有修养和教养的、令人瞩目的女人，她们和普通人没什么两样，也会有各种情绪，只是她们善于控制和忍耐，能够将行动和理智结合起来。缺乏自制力的女人，太容易因为外在的变化而改变心态，她们的心绪不稳，起初或许是顽强的，但也许下一秒就变得虚华而浮躁了，这样苦心经营的形象也无法维持。女人要时刻谨记：不能让一切牵动自己，当你感觉情绪快要爆发的时候，正是你应当平和的时候。

在一条大街上，有一个古朴典雅的茶庄。虽然茶庄的地点较为偏僻，但这里的生意却很是兴隆，茶庄的一个服务小姐和每一个顾客都是和颜悦色，说话轻声细气。但也有一些第一次来喝茶时比较粗鲁的顾客。

"小姐！你过来！你过来！"顾客高声喊，指着面前的杯子，满脸寒霜地说，"看看！你们的牛奶是坏的，把我一杯红茶都糟蹋了！你说怎么办吧？"说完，将头转向一边，哼哼了几声。

服务小姐赔着笑脸说道："真对不起！我立刻给您换一杯。"

一会儿，服务小姐把新红茶准备好了。这杯跟前一杯一样，放着新鲜的柠檬和牛乳，轻轻放在顾客面前。

顾客有些不明白："这和第一杯是一样的。"

服务小姐轻声地说："我是不是能建议您，如果放柠檬，就不要加牛奶，因为有时候柠檬酸会造成牛奶结块。"

顾客的脸一下子红了，匆匆喝完茶，走出去。

这时，旁边的顾客笑问服务小姐："明明是那个人的错，你为什么不直说呢？他那么粗鲁地叫你，你为什么不还以一点颜色？"

服务小姐笑了笑，说道："正因为他粗鲁，所以我要用婉转的方法对待他。正因为道理一说他就明白了，所以我用不着大声！理不直的人，常用气壮来压人。理直的人，要用气和来交朋友！"

在场的每一个顾客都点头笑了，对这家茶庄增加了许多好感。往后的日子，他们每次见到这位服务小姐，都想起她"理直气和"的理论，也用他们的眼睛证明了这位服务小姐的话有多么正确。

聪明善良的服务员小姐，面对顾客无厘头的指责，选择了克制和忍耐，始终以优雅示人。她用委婉的语气、诚恳的态度指出了事实的真相。如果她当时冲动地大吵大嚷，横加指责，结果只能闹得不欢而散。况且，周围的顾客看到一个态度恶劣、完全情绪失控的服务员，谁还会愿意在这股气汹汹的氛围中坐着呢？

意志强大的女子，为了成就自己的梦想，懂得在忍耐中积蓄能量，提升修养。有句话说"境由心生"，一个女人的境界、气质都是从内心散发出来的。

忍耐是一种锻造意志力的品质，一种可贵的、能够体现人格的素养。懂得忍耐的女人，值得他人敬仰和信赖，能够散发出一股大气之风，感染周围的人。与此同时，这种厚积薄发的气势，也会为她们迎来更大的成功。

决定气质的关键在于修补短板

众所周知，一只木桶盛水的多少，并不取决于桶壁上最高的那块木板，而恰恰取决于最短的那块木板。要想提高木桶的容量，就应该设法加高最短的那块木板，这是最有效也是唯一的途径。同理，决定一个人气质的往往取决于一个人的弱点而不是优点。

时常会听到有些女人抱怨外在的环境多么不济，命运多么不公，她们消极地对待生活，她们没有优雅可言，看起来就像是一个"怨妇"。事实上，那些东西并不是导致失败的原因。如果她们进行一下自我反省，查看一下自己的弱点，就会发现，那才是导致自己生活不堪的根本原因。因为，弱点稍不留神就可能成为败点。

意志力是女人控制自己、提升气质的一个重要武器，我们要坚持去做一件事和坚决不做一件事，都需要依靠意志力。意志力是帮助潜意识和灵魂成长的导师，它可以让你成为一个优秀而具备高尚魅力的优雅女人。当然，让意志力发挥这般神奇力量之前，你必须要先战胜自己的弱点。

莫泊桑的《项链》讲述了这样一个故事：一个小公务员的妻子，接受了某部长举办的舞会的邀请，因为爱慕虚荣而向好友借了一条项链，并在这次舞会上出尽了风头。但回家之后，她却发现项链丢了。为了赔偿好友的项链，她和丈夫向别人借了一大笔钱，辛苦十年才把债务还清。十年后的一天，她再次遇到那位曾经借给她项链的好友，却意外得知当年自己丢失的项链不过是件赝品。

这个女人的悲惨命运，完全在于没有克服掉爱慕虚荣的短板。有的女人有虚荣的心理，但若不懂得克服，过于爱慕虚荣和炫耀，那么她也只能是一个华而不实的人。这样的人不会让人觉得有内涵，只会让人觉得肤浅，没有气质。

弗兰克·哈多克说过，当一个人沾染了上述的那些陋习后，他的气质一定会变得非常糟糕！当人们靠近他的时候，势必会嗅到他身上那股由内而散发出的令人厌恶的"味道"，可能是傲慢，可能是暴躁，也可能是自甘堕落。

这个世界上没有完美的人，每个人都或多或少地存在一些人性弱点。人性的弱点，时而显得很可爱，时而又遭人反感，它总是想尽办法欺骗我们，让我们无法看清眼前的事实，看不出简单的本质。人性的弱点，时而会跟我们开开玩笑，让我们虚惊一场，时而又给我们致命一击，让我们难以站起。

想提升自己的意志力,就必须认识自己的弱点并克服弱点,这样才能够不被它牵制。看看那些气质出众的女人,虽然她们也并不完美,但她们总是能够克服自己的弱点,至少在关键的时候能够做到这一点,所以她们能够体现出自己的大气和优雅,她们的人生也比别人辉煌许多。

弱点不可怕,不能够改变弱点才可怕。弱点不是根深蒂固的,你可以依靠着意志力去剔除它,从而改变自己的命运。想要不被自己打败,那就先从打败弱点开始。当你能够打败自身弱点的时候,你的气质就比过去提升了一大截,你就离优雅更进一步。因为你打败了世界上最大的敌人,你还有什么不能做到的呢?

你知道自己最短的那块木板在哪里吗?让我们来一块找找看……

在习惯中寻找短板

人类的行为95%是透过习惯做出的,不良的习惯是每个人最大的缺陷之一。因为习惯会透过一再的强化重复,定型成不可迁移的不良个性,也就是恶习。诸如懒散、酗酒等,它们就像寄生在我们身上的病毒,慢慢地吞噬着我们内在的优雅。想一想,你平时有什么不好的习惯吗?这是第一个可以找到短板的地方。你的坏习惯越多,也就越容易被腐蚀,离成功也就越远,自然不会拥有成功所孕育的优雅。

从他人的评价中寻找短板

想一想，来自别人的评价中，哪些是你不愿意听到的，却又是经常听到的？这并非我们所愿意面临的情况，但我们总能直接地或者间接地听到一些他人对自己的评价，这当中也肯定有你不愿意听到、听到了但又非常不快的话。有一个成语是"忠言逆耳"，别人作为旁观者总是能清楚地发现你身上的弱点，你要在意别人对你不中听的评价，这其实就是第二个可以找到短板的地方。

短板存在于自己刻意逃避的方面

当你自我介绍时，哪些评价的话是你会回避的？哪些话是你不愿意说出口的？比如，优柔寡断的个性、创造力不足、经验与经历的欠缺等，这些就是第三个可以找到你短板的地方了。

想一想这三个地方，你找到你的短木板了吗？如果你知道了，就应该马上行动了，或者改变自己的行为模式，或者改变自己的心态和看法，或者……相信不久以后，你肯定会以一个全新的姿态出现在众人面前，尽显属于你的大气优雅。

释放乐观
的心灵力量

积极的心态是气场的源泉

有生命就有气场。气场是无形的精神符号，它可以传递出一个人的性情和心智，比如健康的、积极的、阳刚的、有能力的，还有消极的、颓废的、无所作为的、阴郁保守的。一个女人的气场强弱和心态密不可分，在郁闷之时，如果尝试去换一种心态生活，那么你心灵的力量可以让所有人都能看见。

"我现在的状况真是糟透了，我在公司里做了很久，每天都很辛苦，可是老板根本不看重我。今天我原本……可是……再这样下去，我真的要发疯了！"

玛丽一边在纸上乱画，一面给乔打电话抱怨。玛丽在公司里做了一年的设计师，每一次给朋友打电话，她都会说上几句类似的话。

乔在电话的另一头问道："现在，你对公司里的各项业务都熟悉了吗？"

"没有。"玛丽说道。

"玛丽，我的朋友，我希望你能够冷静下来，认真地对待你的工作。既然你对公司了解得还不多，那么你就该再好好地学习一下。这样的话，等你离开公司的时候，也是有收获的。"

玛丽听了乔的建议，开始一丝不苟地工作。每天下班后，她都留在办公室里研究新产品的设计方案，或是其他与之相关的事宜。

半年后，玛丽跑到乔所在的加州去看望她。这一次，玛丽迫不及待地把自己的情况讲述给乔听："你知道吗？这段日子真是太棒了，老板很看重我，我现在被提升了。"

乔笑着说："我早就猜到会这样的。当初你工作态度不认真，整天抱怨，愁眉苦脸，每天都心不在焉的。现在不同了，你整个人看上去精神多了，就好像没有你办不到的事情一样。你的工作能力增强了，给公司创造了效益，老板当然会对你刮目相看了！"

玛丽之所以变得受人喜欢了，变得有成就感了，是因为她的心态发生了改变。就像乔说的那样，玛丽变得比过去精神多了，再不是愁眉苦脸的样子，工作态度也好多了，所以那个原本"看她不顺眼"的老板也对她改观了。这一切，都是因为她把消极的心态转变成了积极的心态，没有了负面情绪，积极向上的心态也将好运带到了她的身旁。

一个人如何在短短半年的时间里就发生了翻天覆地的改变？很简单，因为她的心态变了。态度的好坏直接影响气场，它就像是一块磁铁，不管你的思想处于正极还是负极，你周围的一切事物都会受到它的牵引。好的态度得到好的结果，坏的态度得到不好的结果。乐观的女人，就像一块温润的宝玉，时刻能够给人从容优雅的感觉。每个人都喜欢和这样的女人交往，因为她不但能使自己的生活变得更加幸福，更能感染身边的人，使他们也能感受到她的心灵力量，被她影响。

好的心态才能驾驭人生，才能不被人生的挫折轻易地击倒。即使生命不存在了，乐观积极的心态仍然能影响其他人。

可见，积极的气场有多么大的影响力。事物本身都有两面性，"好事"也可以说是"坏事"，"幸事"也可以说是"倒霉事"。到底如何看待，一般都取决于个人的习惯和心态。可以说，生活就如同是一面镜子，当你对它微笑时，它也会对你微笑。

快乐有一股感染力

女人的天性中有很多品质都能够感染身边的人，最能给人留下深刻印象的就是如花的笑靥。一个女人，不管长得是不是漂亮，只要脸上有了快乐的表情，这个女人就会在瞬间显得生动迷人。

快乐是一种最具感染力的情绪。女人就是快乐的天使，不管什么样的女人，只要一露出快乐的表情，世界都会跟着灿烂起来。一个人的心态如何，从外在的言行中都能够反映出来，没有办法伪装。有的人即便强颜欢笑，但周身散发出的气场却和那些真正快乐幸福的人不同，总是有几分虚假和做作在其中。不信的话，你可以看看下面这个真实的故事：

两个旅行团先后抵达海滨风景区观光，因为当地刚刚经历过一场台风和暴雨，路面受到严重破坏，到处都是坑坑洼洼的，还有一些软软的凹洞，一不小心就可能会踩到。两位导游担心游客摔倒或是弄脏了鞋子，都非常认真地提醒游客。

第一位导游对游客说："大家小心一点，这里的路面很糟糕，有很多坑，千万不要摔倒了，也不要踩到洞里。"游客听了之后，自然会加小心，他们每走一步都紧盯着脚下，生怕自己摔倒。虽然四周的风景很美，可他们却把心思都放在了脚下。尽管如此，还是有游客不慎踩到了洞里或是滑倒，这时候串串骂声随口而出。游客的抱怨一直不断，所有观光的好心情都没了。

第二位导游面带微笑，非常幽默地提醒游客："大家注意了，现在我们来到了酒窝大道。这条路只有经过暴风雨的洗礼才有，这次大家有幸赶上了，一定要尽情体会。不过我得提醒大家，这一路上的酒窝非常多，它们可能会因为喜欢你们中的某一位，把他拉进怀里。有些酒窝藏得很好，你们要小心一点哦！"游客们听了导游的解说，哈哈大笑，同时也放慢了脚步，耐心地体会着这条酒窝大道。途中，也有游客不小心摔倒，而这位导游却面带笑意地说："您真是太有魅力了，酒窝舍不得您离开。"摔倒的游客笑了,起身说:"我可不想跟它做伴。"

这一路上,游客们走得并不快,可脸上的笑容却一直都没有消失,没有人抱怨天气,也没有人抱怨自己倒霉摔了跟头,伴随着他们的是幽默的解说和不断的欢声笑语。有人说:"这次旅行加了一个游览项目,走酒窝大道,这辈子还是头一次经历,真是不错啊!"

同样都是旅行团,同样都是走在坑坑洼洼的路上,可两个旅行团成员参观的过程和结果却大相径庭。不得不说,这一切与导游有密不可分的关联。在一个旅行团中导游就相当于"领导",她们的心态和气场,直接影响到了一个团队。

第一位导游,虽然也是好心地提醒游客,但她的气场告诉了所有人,她不是个乐观开朗、热情的姑娘,她只是在尽自己的工作职责罢了。结果,游客遇到问题也没能泰然地一笑处之,也没有好心情去观光享受,只是抱怨天气,抱怨道路不平。第二位导游带领的小团队,气氛活跃,一路上欢声笑语,这一切都与她自身的乐观密不可分,她说话幽默,热情大方,周身洋溢着一种快乐的味道,而跟随她的那些游客们自然也会受她的感染乐观起来。

看到这里,你一定也明白了,一个女人的心态虽然是内在的,但任何人都能够从她外在的言行和她所散发的气场中感受到她内心的喜怒哀乐。生活就如同那条酒窝大道,难免会因为暴风雨而变得泥泞不平,上天会让我们每个人都走一次这条路,走得好与坏,开心与否,全在你的心态!你是愿意愁眉苦脸地抱怨着走过，还是大气一笑，泰然处之，以乐观的心态品味它带给你那不一样的感受呢？

笑着打败心中的"消极"魔鬼

生活中那些让人羡慕、令人佩服、影响力超强的女子，她们总是活得很潇洒、自在，永远充满活力和斗志；而那些迷失自我、悲观沮丧的女子，总是在痛苦、空虚和艰难中挣扎，好像生活欠了她们什么似的。后者没有人想去靠近她们，因为那种沉闷的氛围，实在令人窒息！实际上，并不是现实生活将她们分为两类人，而是她们的心态决定了自己的立场。

一个女人的状态是从心开始的。心态上的小小改变，会让一个人的外在也发生巨大的改变。当女人微笑着面对生活时，她就变成了一个容光焕发的迷人女性，那种不可抵挡的气场就会从内心深处迸发出来！

拥有积极心态的女人就拥有无坚不摧的能量，心灵所产生的强大气场可以改变周身的处境。生活中难免会遇到有挑战性的事物，或是一些棘手的问题。如果我们被吓到了，在气势上短了一截，认定了自己挨不过，那就只有"认命"的份儿了。

若是甘愿消极处世,那么你就注定只能沦为一个平庸之辈,过着淡然无味的生活。事实上,很多看似强大的、不可战胜的东西,并不如我们想的那么可怕,如果因此而消极,就会失去许多成功的机会。有时候,它们的强大只是源于我们内心的弱小。

电影《风雨哈佛路》讲述了一个催人惊醒的故事:生长在纽约的女孩莉斯,没有良好的家庭环境,周围的人也都是得过且过,仿佛环境注定了他们未来的人生路。她小小年纪就历经了人生的艰难困苦,但她没有丝毫抱怨,也没有就此沉沦。她始终相信,凭借自己的努力可以改变现在的一切。最终,这个贫苦的女孩用乐观的心态和顽强的毅力改写了自己的人生,梦寐以求的哈佛大学向她敞开了双臂,她用自己亲身的经历告诉世人,人生其实可以改变。

生活中的很多事情,远远没有我们想象的那么可怕,当我们抛却心里的烦闷,认真看待问题的时候,那些困扰我们的情绪就会像谎言一样,不攻自破。没有一个女人是靠消极打造优雅的,更没有一个女人是靠沉浸在烦闷中成功的,所以说,只有战胜心中的"消极"魔鬼,女人才能真正地描绘出恢宏大气的人生蓝图。

我们从来不会被生活打败,我们只会被自己打败,败在自己的心态上。有些事情,我们只有努力去尝试,努力去做,才有可能变为现实。如果面对困境,连笑都做不到,那你柔弱的心灵又如何能支撑起巨大的成功呢？被消极打败的女人不够大气，注定是生活中的失败者；一个没有自信的、消极处世的女人，注定无法散发出吸引人的磁场。

让朝气为你创造奇迹

女人要有十分的朝气，在工作中有朝气，在生活中有朝气/女人的朝气。在笑容中，女人的朝气在厨房里，女人的朝气在爱人和孩子身上……拥有朝气的女人不缺乏被欣赏的目光，就连上帝都会喜欢。

朝气是什么呢？是不断鞭策和激励我们向前奋进的一种心灵力量的体现，它可以让我们对自己所做的一切事情充满足够的信心，充满高度的热情，就算遇到重重困难和阻碍，也能够表现出最优雅、最勇敢的样子。

现代社会人们的压力很大，有的人觉得自己生活得很压抑，但有活力、有朝气的人则过得轻松愉快。

22岁那年，陆露只身一人来到北京闯荡，苦寻了几日后，她找到了一份推销化妆品的工作。陆露并不喜欢这份工作，但是为了生存她知道自己必须要做好工作。仅仅一年的时间，陆露便成为公司收入最高、最受领导欣赏和器重的推销员。她是怎么创造这个奇迹的呢？

最初，陆露把要说的话写下来，然后背得滚瓜烂熟，接着就上门推销。每天早上出门之前，她都会给自己打气说："把自己想象成演员，正站在舞台上，下面有很多观众看着你。你现在做的事就和演戏一样要有激情，自己都不投入，怎么会有人喜欢呢？"

因此，每一次别人打开门后，陆露便热情洋溢地跟对方打招呼，并递上化妆品样品，开始背诵那些推销用语。人们即使不打算买东西，也会被陆露的热情所感染，就这样一年之后，陆露竟然卖出了千件化妆品。

不止是对客户，陆露对公司同事们也非常地热情。她总是主动和每一位同事打招呼，当别人需要帮助的时候，她会主动地走过去。每提及陆露时，同事们总是这样评价道："无论什么时候看到她，她都是充满活力的，这让人情不自禁地被吸引。"

陆露不擅长销售，却能够感染他人，获得广泛的欢迎和欣赏，这都是朝气在发挥着作用。人的情绪总是互相感染的，投入你的感情，表现出你对生活的热情，让人们能够真正地体验享受你的真实感受，然后你就会得到想要的回报。

不仅如此，朝气还可以创造奇迹，就像《瓦尔登湖》的作者亨利·戴维·梭罗说的那样："一个人如果充满激情地沿着自己理想的方向前进，并努力按照自己的设想去生活，他就会获得平常情况下料想不到的成功。"

相反，没有朝气的女人不仅很难激发自己内心的热情，而且就好像是没有发条的手表一样缺乏动力，做事勉勉强强，一旦遇到困难就会退缩。这样的女人不要说感染周围的人，就连改变自己都缺乏说服力，她们很难赢得别人的欣赏，改变不了平凡的命运。

不过，我们大部分人一开始都是有朝气的，只不过是生活中总有些东西在削减我们的热情。

所以说，朝气是一种需要长期保持的品质。所谓长久的朝气，就是无论遇到什么苦难和阻碍都能始终如一地保持热情和激情，我们的人生才会发生巨大的改变。

我们来看这样一个故事。

小镇上有一个摆地摊的女人，她的丈夫脾气不好经常骂她，她还有一个瘫痪在床的婆婆，两个上学的孩子。照理说，这样的女人应该是很落魄的，可她却给人一副阳光自信的模样，活得从容而优雅。

女人的头发很长，却梳理得纹丝不乱，还用发夹盘在头顶。女人身材颀长，她喜欢穿旗袍，虽然只是廉价的衣料，却显得款款有致。她笑意姗姗地守着地摊，热情地与过往的人打着招呼。这样的朝气，让人没有办法拒绝，人们有事没事都爱到她的摊子前去转转，临走时也便会买一件两件小商品带走。

几年后，女人居然用积蓄买了一辆汽车。她把丈夫送去考了驾照，做了出租车司机。她则随了车子来回跑，热情地招徕顾客。湖蓝色的坐垫，淡紫色的窗帘，车和她的人一样优雅，自然吸引了不少坐车的顾客。日子渐渐红火起来，不料丈夫意外地出了一起车祸，搭上一辆车，还留下了几十万的债务；她的腿部也受了重伤，住了几个月的医院。

人们都以为，女人这下子是爬不起来的了。可是半年后，她却在街头出现了，又干起了地摊生意，她照例盘发，穿旗袍，腿部虽落下小残疾，但也不妨碍她脸上挂着明亮的笑容，而她的丈夫也开始经常过来帮她打点生意。

人们都很惊讶于这个女人居然能够始终如一地阳光着、自信着，便也怀着欣赏的心态照顾这着的生意。过了两年，女人又攒够了一笔钱买了两辆车，一辆自己跑出租，一辆让丈夫跑长途，小日子过得红红火火、风风光光。

在事例中，这个女人之所以能够过上好日子，与其说是取决于她的才能，不如说是取决于她身上所散发出来的朝气。虽然几次遭到外来的打击，但她不曾抛弃自己的热情，并以自己独到的优雅感染了周围的人。

别再怀疑朝气的神奇力量了，它能够跨越性地把你全身的每一个细胞都调动起来，让你精神焕发、光彩照人，而这股力量必将提升你的自信，其结果必然是从内心深处焕发出来一种巨大的力量，吸引别人的眼光，包括成功在内。

所以，无论是工作中还是在人际交往中，请努力地释放你阳光雨露般的朝气，用朝气点亮你的魅力焰火，品尝自信创造奇迹所带来的惊喜吧。

渴望是心灵
的生命花

做一个知性女人

卡耐基推崇一种女人，叫作知性女人。他认为，这样的一种女人最具魅力。她们介于理性和感性之间，不僵硬也不苍白，她们不是天真稚嫩的一般女孩子，也迥异于咄咄逼人的女强人，和普通美女相比，知性女人自然而然地流露出她们独有的魅力，成就着一种永恒。

秦简和乔是大学同学，住在一个宿舍，关系很好。秦简长得很漂亮，是那种人见人爱的类型，她的追求者非常多，她经常拿着男朋友们送的东西回到宿舍，对乔说："乔，你别一天到晚看书了，你看，某某又向我表白了，还说要送我一辆跑车，我要是像你一样天天泡在书本里我能有这些吗？还有你，你长得本来就很好看，只要打扮一下，一定也非常迷人，到时候你还不是要什么有什么，何必这么辛苦地念书！"

乔不说话，只是对着好友笑笑，她自己也不明白为什么会和这么肤浅的女孩成为好朋友。

　　大学毕业后,秦简和她其中一个追求者结婚了,乔继续上学。她们没有再见过面,各自生活着。很多年后,事业有成的乔接到秦简的电话,约乔见面,在一家咖啡厅。秦简到得比乔早,见到乔的瞬间秦简张大了嘴巴:"乔,你怎么变得这么美?和以前的你完全不一样了!"

　　乔还是笑笑,秦简依然很漂亮,全身都挂满了精致昂贵的首饰,然而言行举止之间总流露出甩不掉的俗气,就像一只空有皮囊的玩偶,和平淡从容透着知性美的乔相比,秦简更像一只劣质娃娃。那一瞬间,两个昔年的好友都看出了她们之间的差距。

　　一个只有靓丽外表的女人最终是抵不过时间的侵蚀的,美丽可以一时,却不可以一世,随着岁月的流逝,漂亮的皮囊犹如秋风中的落叶,颓败而终;知性的女性却能让优雅在时间的流逝中永恒地绽放,而且就像陈年老酒,越酿越香,使人垂涎三尺。

　　知性女人的美是由内而外散发的,是一种心灵上的美,它代表着一种信服力,更能震撼人们的心灵,让人由衷地对它发出赞叹,从而受到它的感染。一个具有内在美的女人,即便没有绝美的容颜,也能使人感觉到她是美丽的,是知性且大方得体的。光凭好看的外表并不能真正赢得他人的好感,一个无可挑剔的女人绝对深知内外兼修才是真正的美丽。

　　知性女人是寒冬里的冬青树。她们越挫越勇,她们不输给任何男人,不依赖别人。她们勇于接受别人的批评和建议，敢于面对别人不敢挑战的难题，接受上苍对她们的历练。她们时刻准备着成功，犹如扑火的飞蛾、涅槃的凤凰。面对困难时，她们头脑冷静、表情淡定。

知识女性最大的特点是她们拥有丰厚的文化底蕴，对她们的思想、观念、性格、爱好等方面产生深厚的影响，形成了某种区别于其他女性的独特气质和风韵，并且从她们的言行举止中表现出来，感染接触到的人。这样的女性就像一个光源，不单自己发光发热，并且能照亮温暖身边的人，使他们深刻感受到知性女人的魅力。

做一个知性女人，就要头脑清晰、心智成熟。要时刻关注世界的变化，能够审时度势，准确地抓住一闪而逝的机会。不要一味地听从别人，也不能固执己见，要吸取失败教训，不怨天尤人，戒骄戒躁，一步一步做好自己的事，才能在磨难中成长，化茧成蝶。

知性女人是睿智的，这种智慧来源于她们对优雅的渴望。优雅的女人不会因为外界的变化影响自己的情绪，也不会随意地把情绪发泄给别人。保持平和的心态，看淡得失，渴望而不执念，能够正确地面对情感，才是一个拥有大智慧的女人。

心中充满渴望，才能抓住每一次机会

有位名人曾说过："对成功没有渴望，做事就没有持久的动力！梦想总是停在我们触手可及的地方，谁有勇气伸出'渴望'之手，谁就离成功更近一些。"

在这个世界上，每件成功的事情在它没有变成事实之前，就只是一个梦想，甚至是一颗蠢蠢欲动的心。

美国著名的成功学家拿破仑·希尔，曾经观察过许多家庭背景完全不同的人。这些人中，有的接受过良好的教育，有的则从未读过书；有的人家境富有，有的则非常贫穷。他们从事着不同的职业，来自不同的国家，有着完全不同的个人哲学。但是，在这些人当中，只有很少的人才算得上成功，他们能够赚钱养家，同时也获得了别人的尊敬，有一定的影响力。剩余的绝大多数人，都只过着平庸的生活。经过很长一段时间的研究，拿破仑·希尔终于找到了问题的答案。那些取得成功的人，从内心深处就不甘于平庸，他们有自己的人生规划，有一颗蠢蠢欲动的心，更重要的是他们知道如何去实现自己的"野心"，并且知道如何把握每一个机会。就算周围的一切都与他们的意志相悖，他们也不会动摇，他们坚信自己的梦想会实现。

说这些,不过是想告诉渴望改变自我的女人:平庸与伟大的差别,就在于你的内心是否有强烈的渴望!只要你想做这件事,只要你对它充满无限的期待,你的心中就会凝聚一股强大的力量,这股力量足以让全世界为你让路!

保持渴望的状态,成功并不一定会到来。但如果没有对成功的渴望,即便到手的成功,也有可能随手失去。看一下吸引力法则你就能发现,有一颗渴望成功的心,是获得成功的良好开端。

令人遗憾的是,有太多女人忽略了这一点,把改变命运、获得成功的希望寄托在侥幸地等待,以及幸运的天使,或者是伴侣的身上。从现在开始,强化你内心的渴望吧!你会切身地感受到,内心的力量在不断涌出,而你也在慢慢地变强……

你心里想什么,就会吸引什么

生活中,总是有一些女人会这样抱怨道:"唉,我没她那么好的命,人家能够成功是因为有现成的条件,我就不行了……"暂且不论事情的真相如何,这种女人在气场上首先就给人一种颓败的感觉,不自信,相信命运胜过相信自己。其实,成功与失败就根本上来说,并不是由外部环境决定的,而是由我们内心的想法决定的。

如果你觉得,哪个女人的成功、幸福都是靠运气得来的,那绝对是一种误解。所谓的幸运,也是被她们的渴望吸引过来的。渴望是一种磁场,或是带有魔法的能力,甚至是具有神秘能力的魔咒。当你内心坚定了某个渴望的时候,它就会变得异常强大,结果你期待的事情就真的会奇幻般地发生。

不信的话,现在请你回想一下,在生活中你有没有过这样的体验:你想要一个笔记本电脑,朋友果真将它作为生日礼物送给了你;你想着自己一定会拿到正在谈的订单,你拼命地去争取,最终真的如愿以偿了……

如果你了解著名的"吸引力法则",你就会发现你生活中的所有事物都是被你吸引过来的!是你大脑的思维波动所吸引过来的!当一个人的注意力或是所有的能量都集中在一个目标——内心的愿望的时候,无论这件事情是你我想要或不想要的,我们都能吸引着它们成为自己生活的一部分。

电影《倒霉爱神》恰恰给我们展示了这个事实。女主人艾什莉好比上帝的宠儿,始终受着生活的眷顾。毕业后她不费周折就在一家知名的公司做了项目经理;随便买一张彩票就能够中头奖;在繁忙的纽约街头想要搭计程车，很快就有好几辆车都向她驶来……她的生活和工作，可谓是一路畅通，惬意而幸运得让人忌妒。

男主人杰克好比世上的"天煞霉星"，有他出现的地方就有霉运。新买的裤子看上去好好的，可一穿就断线；工作上他更没有艾什莉那么幸运，他不过是一家保龄球馆的厕所清洁员；更倒霉的是，医院、警察局、中毒急救中心，是他经常光顾的地方。

看到这些零碎的片段时，众人不禁哑然失笑。不过，你有没有想过，同样是生活在一起的两个人，怎么有人幸运，有人倒霉，而且差别还这么大？是运气吗？不是！这是人的气场在发挥作用。艾什莉的内心充满着对好运气的渴望，这种渴望促使着她去感受美好，追求快乐，因而她的感觉越来越好。反观杰克，他潜意识里不断地提醒自己，很快就有霉运来了。于是，正如他所想的那样，倒霉的事真的接二连三地来了，而且想甩都甩不掉！

当你的心里有了远大的目标，你就会朝着这个方向去努力；当你抱着敷衍了事、得过且过的态度，你的人生不会有太大的成就。反过来说，那些为了远大目标而不懈努力的女人们，总是会感染周围的人，散发出强大的个人魅力，这就是她们内心的渴望；而那些目光短浅、胸无大志的女子，通常只会解决眼前的问题，她们注定无法拥有影响力和号召力，一生都是别人的陪衬和附庸。

人的内在有时就是一块磁铁，你选择了什么样的思考方式，就会得到什么样的结局。这是一个规律性的问题，因为思想决定着人的状态，人在心底做出的一个决定会指引着前进的方向，所以在开始行动之前，人们其实就已经形成了自己的定式。

所以，若是你一辈子都认定自己是倒霉的，你的气场也会变为灰色，所有的好事都会绕道而行，与你有缘的就是各种各样的坏事，你想干什么都会碰壁，那你显然就将在自卑和哀怨中度过一生。反之，如果你不想让倒霉的气场占据上风，并决定自己的境遇，那就要有勇气做出改变。换句话说，若你能改变你的想法，对一切好运充满期待，那么你就会迸发出一种力量，勇敢而坚定地向着目标努力，最终你自然会享受到惬意而美好的生活。

让自己拥有期待吧，你的意识里想的是什么，那么你的生活就会表现出什么。渴望是心灵的生命之花，期待着明天，你的内心将会充满阳光，你才能坐拥美丽，才能优雅地走向成功。现在不妨问问自己喜欢什么、渴望什么。然后，重视你心里所期待的这些东西，并将所有的注意力和能量都聚集到这个点上。接下来就很简单了，你就等待愿望实现吧！

梦想是对自己的一种渴望

梦想是一个女人内心里对人生、对自己的一种渴望，日后能够取得多大的成就，与这个梦想的高度息息相关。

有梦想的女人，从一开始就比别人更有力量。她们是精神上的贵族，这种力量推动着她朝着心目中的自己前行，最终让她们变成生活中的贵族。

梦想是改变现状的动力。有了梦想，人就会变得积极，不畏挑战，不畏艰难。梦想一旦在你心里扎了根，你周身总是给人一种充满希望的感觉。有了希望，就有了斗志，同时也有了从容不迫的大气，这股气势，就连梦想都要为你倾倒。

在我们做出决定的那一刻，其实命运就已经注定了！一个人除非怀有自己的梦想，并且乐意去做，命运才能得到转机，否则做不出什么大事。妥善运用你的"梦想"，往往会产生惊人的力量。

梦想，是我们内心对生活的憧憬，更是对自己的渴望，它能演变成一种改变现状的动力。这就如同蜜蜂寻求生命意义的过程。蜜蜂不是存心为花朵传递花粉，它的目标只是花蜜，可是在寻找的过程中，它的腿上沾满了花粉，等它飞到其他花朵上时，神奇的生命连锁反应就开始了，结果就是漫山遍野的姹紫嫣红！

当你心里想着"我要有一栋属于自己的房子"时，你的梦想就诞生了。即便对于你现在的状况而言可能显得有些奢侈，然而这个梦想一旦在你心里扎了根，你就会因为这份渴望而不断地努力。面对工作，你会变得更加积极主动，原本过去只是拜访一个客户，可现在你为了尽快实现自己的理想，会去拜访两个甚至三个。因为你希望自己的事业能够好起来，赚取更多的钱。于是，你整个人在工作中的状态就会发生改变，你带给周围的同事和老板的印象也会有所改变，他们会觉得你充满着活力，你如此积极向上、勤勤恳恳。

如果你心里想着："我今后要开一家属于自己的餐厅。"那么这个梦想就会成为你的动力，你就会为了实现它而启动你的创造力，你整个人都会发生变化。

如果现在的你是个没有存在感和影响力的女人，那么你一定也没什么梦想。请别急着辩解说："你怎么知道我没有梦想？"至少，你的"梦想"只是个想法，你没有为之付诸努力，只能是空想，或者说就是个"梦"。就像著名作家古龙先生曾经说过的那样："梦想绝不是梦，两者之间的差别通常都有一段非常值得人们深思的距离。"真正的梦想可以产生动力，可以作为一种人生信念，可以改变一个人的行为方式，改变气场乃至整个人生。所以，把你的梦想当成对自己一生的"承诺"，严肃认真地去面对它、实践它吧！

心有多大，舞台就有多大

美国总统林肯曾说过这样一句话："喷泉的高度不会超过它的源头。一个人的事业也是这样，他的成就绝不会超过自己的信念。"享誉世界的著名登山家巴拉德也总是对他的孩子们说："假如你攀登一个3000米高的山峰。你掉下来了。你很可能会摔断自己的脖子。因此你可能会选择攀登300米的山峰，但是如果你摔下来，一样也会摔断脖子。因此把目标定得高一些也没什么不好，攀登一座更高的山峰并不会增加更多的危险。但是攀登高峰的好处是，当你到达山顶，那些小的山峰就可以一览无余。你就可以眺望其他的山峰。"

由此看来，我们不妨将自己人生的目标定得高远些。站得高才能看得远，一个目标高远的人，会自然流露出一种无人能及的大气。即便最终可能因为种种原因没能实现目标，但至少也会比目标定得太低的人进步更大。正所谓心有多大，舞台就有多大。

有这样一则广告片，能比较充分地说明这一点：

一个阳光明媚的早晨,有个热爱舞蹈的农村女孩,在四周白雪皑皑的村子里翩翩起舞。她的心中有个梦想,就是有朝一日能够站在真正的大舞台上尽情地表演,旋转出自己那优美的舞姿。就这样,她一直跳啊跳啊,不断地努力着。功夫不负有心人,终于有一天,她从农家小院跳到了大众舞台,从孤身一人跳到万人共舞……

"每个人心中都有一个自己的舞台。心有多大,舞台就有多大!"伴随着画面进入我们耳畔的广告语发人深省。其实,生活就是为我们提供的一个大舞台,我们想成为什么样的人,取决于每个人对自己生命的规划与定位。

下面,我们再来看一个相关的寓言故事:

我国唐代的贞观年间,在长安城西有一家磨坊,磨坊里有一头驴子和一匹马。马负责在外面拉东西,驴子负责在屋里推磨,它们共同效力于主人,而且还成为了好朋友。贞观三年,这匹马被要去西天取经的玄奘大师选中,跟随大师前往。

光阴似箭,十几年的时光一眨眼就过去了,跟随玄奘去西天取经的马和玄奘大师胜利归来,驮着佛经回到长安的那一刻,心中无比骄傲。略微修正后,它急忙到磨坊里看自己自己老朋友——驴子。

此次谈话,主要是马在说,而驴子听。一个说得口绽莲花,一个听得津津有味。只听马说:"去西天的这次经历啊,我们见到了浩瀚无边的沙漠,高入云霄的山岭,凌峰的冰雪,热海的波澜……"驴子听了老马这次旅途的经历，甚为惊异。驴子惊叹道："你有多么丰富的见闻啊！那么遥远的道路，我连想都不敢想。"马说："其实，我们跨过的距离是大体相等的，当我向西域前进的时候，你一步也没停止。不同的是，我同玄奘大师有一个遥远的目标，按照始终如一的方向前进，所以我们打开了一个广阔的世界。而你终日都在同一个地方，眼睛总也看不到外面的世界，所以你永远也走不出磨坊这块小小的地盘。"

可见，没有奋斗的方向，就会像故事中的驴子那样活得混混沌沌；而只有像马那样，准确地把握好自己的梦想和追求，才能迈出走向成功的步伐！

生活中，不乏时常埋怨自己收入不高、生活不好女人们。如果仔细观察，或许会发现，这些怨天尤人、收入处于较低层次的女人，就像故事中的驴子那样，缺乏高远的目标和志向。虽然她们向往高收入，向往优质的生活，但缺乏目标而只能让一切落空，她们仍旧平庸，仍旧抱怨。

一家心理机构曾就女性薪水方面的问题做过一番调查，其中有一份报告的标题是：《低薪女性的九个特征》。这九个特征归纳起来，就是：没有目的，缺少规划，不够自信，怕吃苦，怕付出，把希望寄托在别人身上等。

受传统观念的影响，很长时期以来，社会灌输给女人的意识，是要以柔弱的姿态来争取生存空间，或者以此来博得男人的青睐。很多女性缺少像男性一样的进取心和企图心，目光不够远大，对自己的能力也不够自信，安于现状，以为忍受低薪水的工作就可以不用那么辛苦。结果，往往是低薪的女性反而工作辛苦，工作时间长，并且没有保障，普遍缺少对工作的安全感与归属感，这样又影响了她们的心态，更加不自信，没有安全感。由此进入一个恶性循环。

另外，很多低薪女性一方面在感觉自己薪水低，另一方面却又以不必追求高质量生活而自我安慰。殊不知，这些不思进取的借口断送了你优雅的前路。韶华易逝，时过境迁，你看到那些气质出众的女人，再看向庸俗自己，除了感叹岁月无情、抱怨现状之外你还能做什么呢？

一个成熟独立的女性，首先想到的应该是自己的职业走向，而不只是工资的多少。在家庭生活中，也不应处于从属的位置。女人要平衡家庭和工作的关系，而不是为了家庭放弃事业，这所谓的牺牲精神，牺牲的不仅仅是你的事业，还有你的未来。如果你成为了一个只知柴米油盐的女人，那么在面对职场上的知性美女时，你要以什么姿态来面对自己？

这里面的道理很简单，一个人为自己画了多大的圈子，就决定了她拥有多大的接触面。如果把自己的目光只局限在眼前一点事情和一些人身上,她的圈子会越来越小,目光也会越来越短浅。一个女人如果只拥有一个家,依赖一个男人,那么她所有的一切不过是这个家的一切,是很危险的。要知道,女人在任何时候都有自己的独立空间,并且物质与精神一样,越富有的女人越拥有自由的权利。

一个真正优秀的女性不会抱着"等哪一天出现一个白马王子救我脱离苦海"的天真想法,她们会通过自身的努力,一点点地打拼于职场,奔波于生活之中。与此同时,她们也会为自己设定具体的目标,并通过一点点的努力慢慢地向目标靠拢,直至最终实现目标。她们清楚地知道,如果自己连目标都没有,很多的努力可能会付诸东流,成功更是不会从天而降。

丹妮经一位企业家朋友介绍,到一家公司任职。在这位企业家朋友看来,以丹妮的能力和才华,负责一个部门的运作不成问题。于是,当他熟悉的某公司余总说到正在招聘的时候,他推荐了丹妮。

可是,令他万万没想到,丹妮居然说自己没有太高的职业目标,认为自己以前从未在那么大的公司做过主管,恐怕面试不能通过,或者做不好工作,影响企业家的面子。

这位企业家朋友再三劝说,丹妮最终还是由于自信心不足而打了退堂鼓,她的目标就是到一般的公司里做一些低级别的工作。

然而,丹妮先后给几家用人单位寄去简历后都没有音信,最后迫不得已,她还是打电话给朋友推荐的那个公司的人事部,人事部职员接过电话问道:"请问您找哪位?"丹妮回答说:"请找余总。"人事部职员说:"对不起,余总正在开会,可以请您留下口信吗?"丹妮表示不用了。就这样,刚刚鼓起勇气的丹妮又被她不好意思留口信而再一次失去机会。

丹妮的那位企业家朋友知道了,就给她讲了一个"跳蚤的故事":有人做过这样一个实验:把一只跳蚤放进玻璃杯,发现跳蚤跳的高度一般可达到它身体的 400 倍,如果再增加一些高度,跳蚤就跳不出来了。但是当你把一盏酒精灯拿到杯底,跳蚤热得受不了的时候,它就会嗖"地一下跳了出去。正像兵法上所说的"置之死地而后生"。

这次,丹妮终于领悟了其中的道理。第二天一早,她就给余总打电话。这次又是一位职员接的电话,但丹妮直呼余总的名字,人事部职员不敢怠慢,很快便接通了余总的电话……后面的故事就不用多说了,丹妮顺利地进入了这家公司,并且已成为了该公司的设计室主管。

由此可以看出,如果一个人连想都不去想自己可以达到的高度,又怎么会做到那个高度呢?所以说,一个人的目标越高,她的思想就越积极,眼界就越宽阔,世界也就越大。总之,高一些的目标,更能够催人奋进。因此,不管过去怎样,从现在开始,我们不妨把眼光放高一点,胆子放大一点,那么,我们未来的高度才有可能"一览众山小"。

强化内心的渴望

当我们渴望成为一个什么样的人时,渴望获得什么样的生活时,我们的内心就会产生一种强大的动力,让我们勇敢地迈开脚步,将我们心中所希望的一切事物吸引过来。而且,我们内心的渴望越强烈,成功的几率就越高。

要怎么驾驭并运用渴望的力量呢?不断强化内心的渴望!如此,我们体内会形成一种强大的肯定性力量,支撑着永不退缩的决心。这种决心可以让我们的心强大起来,也能够让我们由内至外地体现出强大的气场,此时的女人无疑是魅力非凡的。

看到这里,一心想拥有大气风范的你,是不是很想知道强化内心渴望的方法,是不是希望自己也能够拥有这种化不可能为可能、无所不能、无所不及的力量?下面就告诉你方法。

大声说出你的渴望

对于内心的渴望,通常我们都习惯了默默思考。殊不知,大声地说出心中的渴望,热烈真诚地发出声音,内心所蕴含的生机勃勃的力量在这些声音的刺激下会激情四射,令你热血沸腾,其效果是那些只会默默思考的人所意想不到的。

现在你内心的渴望是什么？大声说出来吧！"我渴望做一名警察，可以扬善惩恶，让社会更美好"、"我渴望自己拥有优秀的工作能力，能够得到老板的认可和信任，同事的尊重和敬佩"、"我渴望拥有一所大房子，一家人其乐融融地在一起"……

这样大声讲出来，这些词语会给大脑强烈的刺激，你的渴望就会在心中留下更持久的印象，使你获得更强大的正能量，在短时间内可以显著地增强你的能力。持之以恒地坚持下去，你终将做成你想做的事情，成为你想成为的人。

想象你已经实现渴望

请不要说"将来我会幸福"，而应该说"我为幸福而生，我很幸福"，应该把我们渴望的目标当作已经成为的现实。如果你渴望感到快乐时，你就表现出快乐的举止；渴望有成就感时，你的行为就必须看起来有成就感的样子。

满怀信心地想象你已经实现渴望，你坚强的意志力会帮助你发掘蕴含在自身的神性力量，感受到来自它的帮助。信任这种帮助，你就会发现自己拥有了一种大气，总是处于优势地位，没有什么力量能够与你为敌，最终的胜利属于你。

而且，很快地，你会发现完美的形象已经深入地扎根在你的思想意识中，你心中越想尝到那种滋味，你就越能驱策自己照着这个样子去做，那么终有一天你就会变得非常出色，再也不用怀疑自己的王者气概。

学会强化内心的渴望吧，当我们长期向往并执着追求它的时候，那种持续、强烈的热情中蕴含着巨大的力量，你将更确信自己没有理由畏惧不前，懂得如何在芸芸众生面前展示自己与众不同的迷人魅力，如此那些美好的东西就会被吸引过来！加油！

第四篇

深邃的内涵

——强大的内心源自丰富的内涵

无论是谁,都要丰富自己的头脑

美貌只是糖纸,重要的是糖的味道

一个女人的优雅不是光靠造型,或是端着架子就能做出来的,真正的优雅需要一种底蕴,而这种底蕴是再多外部的修饰都无法凝聚的。一个文化知识浅薄、没有内在修养的女人,无论外形多么出众,充其量只拥有美丽的躯壳。

想要让自己身上的光环闪耀的时间长久一点,就必须要赋予自己深邃的内涵。记住:任何一个出众的女人,绝不是光凭一副好看的外表去征服大众的,美貌对那些追随者而言只是糖纸,他们在意的永远是糖的味道。

朋友走进一家咖啡馆,看到门口的沙发上坐着一个身材高挑且样貌出众的女人，她的衣着与她的气质刚好吻合，朋友在潜意识断定这是一位知性女人。朋友买了咖啡坐在她的身后，不多时她的电话响起，当她一开口说话，朋友却失望到了极点。原来，只是空有美貌而已，所有美好的印象都被抹去了。

一个女人长得不漂亮并不要紧，重要的是她是否有气质。如今，越来越多的女人开始注重修养，因为内在的心灵能够使女人绽放出最大的魅力，同时也能够帮助她们获得更好的人际关系、事业上的成功。涵养不同于外表，它经得起时间的消磨，而且有内涵的女人就像一坛陈酿，随着岁月的流逝，她们的女人味越迷人。因为内涵是一个人深层次的、本质的东西。

说到费雯·丽，估计没人不知道，这个因为出演《乱世佳人》而名震全球的女人，这个在初次入选奥斯卡影后时被评为"你拥有如此美貌，就不必拥有如此演技；你拥有如此演技，就不必拥有如此美貌"的女人，虽然已经不在了，但是她的魅力经久不衰。

费雯·丽是一个值得所有演员敬重的女人，她有着纯洁的思想，正如她美丽的外表一样，这个女人，也有着美丽的心。她有着惊人的美丽，然而，在她眼里，那些美貌似乎是她演技的负担。当时有评论家说费雯·丽的表演没有感情，她只是一个好看的"花瓶"，这给费雯·丽造成了巨大的心理压力。她是一个很单纯的女人，当她的丈夫告诉她在拍戏的时候，要将自己想象成戏中人，感受他们的喜怒哀乐的时候，费雯·丽就将自己完全融入了角色。她当然不是那种靠外表而赢得欢呼声的人，她是确确实实地将自己的整个灵魂融入到剧本里面,所以,她演绎的那些人物形象都成为经典而永远存活在人们的心里。

由于入戏太深,这个可怜的女人在演完《欲望号街车》里那个歇斯底里的女人之后,自己也患上了忧郁症,她感觉自己就是剧中的那个疯女人,因为不愿意被人忘记而被强行送进精神病院的布兰奇。这时候费雯·丽的眼睛总是看着那些出现在她眼前的负面评论,而忽视了那些对她给予肯定的声音,她的抑郁症间歇性地发作,加上感染了肺结核,费雯·丽在1967年去世了。在她离开之后,所有的负面评论都销声匿迹了,没有人再说费雯·丽演绎的角色只是靠着她的美貌而名扬一时的,她有着自己深刻、无可取代的东西。

像费雯·丽这样的女人,就算无情的时光能在她的脸上留下岁月的痕迹,也永远带不走她那份发自内心的美丽。随着时间的沉淀,她会变得更加优雅迷人,即使是满头华发,两鬓斑白,她依然能够成为众人追捧的焦点,一如年轻时的风光,依然会是一个耀眼的美人。

多读点书,腹有诗书气自华

俗语说:"腹有诗书气自华。"不论是谁,书读得多了,气质自然会好,这是一个潜移默化的过程。用知识丰富了自己的头脑,才可能对事物的认识有独特的见解,才可能透过事物的表象看到本质。当具备了这一特质之后，才能够与他人在言行上彰显出自己的不同，散发出迷人的内在魅力。

内涵，是学识的沉淀。

海伦·凯勒说过："一本新书就像一艘船，带领着我们从狭隘的地方，驶向生活的无限广阔的海洋。"在浩瀚的书海中，女人能增长自己的学识，扩大自己的眼界；她们能在那些智慧的言语中，学会更加正确的为人处世的方式；在不断地阅读中，她们的举手投足之间都充满了女性的优雅。她们在书中洗涤自己的灵魂，让自己变得更加干净和纯粹。

喜欢读书的女人，大多是宁静温婉的。她们有良好的心态，她们能够沉浸在书的世界里。这样的女人，在为人上也不会显得尖酸刻薄。她们大方明理，有内涵有修养。在遇到事情的时候，她们也不像有的女人那样惊慌失措，而是运用在书中学到的知识，加上自己的智慧，将问题解决。

喜欢读书的女人，看待问题也和一般的女人不一样，因为书让她们扩宽了眼界，她们有自己的主张和见解，在遇到事情的时候，她们能够更全面、更细腻地分析问题。当自己的利益受到威胁的时候，她们能够采用正确的手段保护自己。

总之，对女人而言，最怡人的味道是自然和优雅，是那种气质的味道。唯有这样的女人，才能散发出深厚而悠久的魅力。

追求自然之美，彰显你的内涵

现代社会当中，有很多女性都非常在意自己的形象。当然，一个良好的形象很重要，但是如果太过刻意，那么不仅不能为自己加分，甚至还会让自己的魅力大打折扣。

其实，美丽并不一定只体现在外表上，很多众人眼中的魅力女人都未必有多出众的妆容，她们往往以自己的内在气质折服众人。女人最美是真实，那些让人惊鸿一瞥的佳人多以自然之美示人。何谓自然？即以外在的修饰装点自己的内在美。具体来说，就是为自己的外在形象、气质和身份做适当的点缀装饰，让人看起来自然不造作而又赏心悦目。

自然之美不会让人觉得刻意，会给人一种如沐春风之感。大气并不是靠模仿就能修炼出来的，每个人的内在都不相同，如果一味想要套用那些魅力女人的形象，成就自己的强大气场，那么结果只能是东施效颦，不伦不类。

大气是一种自然流露，有意反而难为。女人要做独一无二的自己，用自然之美来彰显独特的魅力，让自己的内涵自然流露，才能让人觉得舒服，没有负担。

苏安毕业之后奋斗了两年，现在的她成功地进入了一个大公司，这是她的理想，但她也时常觉得苦闷。有一次，她和自己要好的朋友诉苦，她说："我最近感觉又累又烦。每天上班就要面对老板锅底一样的脸，动不动他就找碴儿批评我，我真不知道哪里惹得他不痛快了。就连同事也总是在我背后嘀嘀咕咕，我真不知道我做了什么让他们这么敌视我的事情。"

她的朋友表示不解，苏安继续说："举个例子吧，我每天上班的时候跟同事打招呼，他们不冷不热的；大早上老板有时就对我皱眉头，只要我的工作稍微有一点错，他就会说：'这么简单的问题都出错，你每天都把时间花在你的脸上了吧？'这让我觉得非常愤怒，我为了进这个公司有多努力他又不知道，只会冷嘲热讽，我回家加班的时候他也不曾看到，他有什么资格这样侮辱我？最可气的是每次我挨说之后同事们都会在我身后嘀咕。"

苏安的朋友想了想，问她："那你就不要再花那么多时间在化妆上，你的老板就没有理由这样挖苦你了。"

"你以为我喜欢每天花这么长时间化妆、挑衣服啊？在大公司谁不在意自己的形象？如果可以我也不想这样子。"苏安不快地说道。

苏安的朋友笑了笑，说："其实我觉得上班的时候不太适合烟熏妆，简单一点的裸妆不好吗？而且我觉得在大公司里人们大多数都会穿素色的套装，艳色的衣服不会感觉违和吗？其实你和同事们打扮成一个样子也没什么不好,你仍然是出众的。你有高学历,你知性而大方,不用靠浓妆你一样出挑。"

苏安想了想,明白了。第二天,苏安多睡了半个小时,醒来后她没有照往常那样将柔顺的直发塑造成大波浪,而是梳了个简单的马尾,略施粉黛之后她穿上了一套灰色的职业套裙,出门时也没有再登上那双 10cm 高的鞋子。

那天的苏安就是公司的一个焦点,清爽美丽的她体现出了知性美,那天心情舒畅的她工作效率极高,受到了老板的表扬。

不是每个人都能驾驭浓妆的,或许你画浓妆的确漂亮,但那也许遮盖住了你的内在美,让你的气质和外表不相符,让人在注重你外貌的同时忽略了你的努力,忽略了你的内在。对于老板而言,你美与不美都无所谓,关键在于你的工作能力如何。更何况,一个和身份不相符的形象谈不上美观,只能让老板对你心生反感。

仔细想想,我们又不是舞台上的演员,要塑造另一个形象,为什么要隐藏真实的自己呢?职场不是舞台,没有耀眼的灯光,我们也没有那么多的观众,要想在职场上出挑,那么就要自己释放光芒,这就要靠内涵取胜。当你的优雅由内而外散发出来的时候,就会形成一种气场,自然会得到众人的欣赏。

不只是职场,恋爱也是一样,你要找的是能执手偕老的良人,而不是虚无的回头率。大大方方地展现自己,用外在来衬托自己的内涵,你才能遇到心灵的伴侣。

不要曲解美丽，自然的你才是真实的你，拥有内涵的你才是优雅的你，落落大方的你才是魅力十足的你！

不断"充电"，为美丽加油

一个女人拥有了丰富的内在学识，心灵充实起来，由内而外散发出的气质也就不可同日而语了。这样的女人更有力量，更能够吸引人，人们的目光自然无法从她的身上转移开。其中需要注意的是，在职场中我们不仅要有学识，而且要始终保持好知好学的态度，不断地吸取知识，让自己的视角变得更加开阔，思维更加全面。对于这种行为，社会上有一个比较形象的词，叫作"充电"。

没有什么能力是与生俱来的，想要扩充自己的学识，修炼内涵，就必须不断地为自己"充电"，丰富头脑和内在。

可是，我们身边却有很多与之相反的女人：她们曾经做出过一番卓越的成就，可谓是功成名就，但是她们却渐渐地感到对工作力不从心，有时甚至还不如那些刚毕业、没有多少经验的新员工。为什么呢？不是你老了，而是因为她们刚刚为自己"充完电"，而你呢？在工作中随波逐流，混起了日子，不了解当前行业最新的发展趋势，没有学习到新的知识、技能，在遇到新的问题时，内心自然就会感到恐慌、焦虑、担忧，这些情绪集聚在一起，你又怎么从容得起来？优雅又从何谈起呢？

现代职场竞争异常激烈，新知识、新观念、新问题不断涌现，唯有不断地"充电"，了解最新动向，跟得上时代的步伐，我们才能够从容不迫地应对各种问题。尤其作为女人，要想在职场上闯出一番天地，更需要经常性地为自己"充电"。

事实上，女人也只有懂得及时充电的重要性，随时随地对生活抱着一种学习心态，不断地提高、更新自我，才能够永远保持积极乐观的心态，散发出一种耀眼的光芒，拥有一种积极向上的气息，这也是最吸引人的优雅！

卡莉·费奥莉纳，惠普公司董事长兼首席执行官，有着"全球第一女CEO"之称，气场不可谓不强大。她的成功，就是源于不断地为自己"充电"。

菲奥莉娜大学期间修读中世纪历史和哲学，毕业后她做起了平凡的秘书工作。这些工作与她的专业并不吻合，尤其是惠普是一家以技术创新而领先的公司。为了适应工作的要求，菲奥莉娜总是非常关注技术行业，并注意经验的积累、能力的锻炼。后来，凭借着多年积累的经验，她在销售业做出了漂亮的业绩，在业界激起层层涟漪，漂亮、美丽、精干、风度……对她人们几乎使用了所有赞美的形容词。

对于自己的成功，菲奥莉娜认为是不断学习的结果，她解释道："不断学习是一个 CEO 成功的最基本要素。这里说的不断学习，是在工作中不断总结过去的经验，不断适应新的环境和新的变化，不断体会更好的工作方法和效率。"

现在，你还在为自己得不到同事的尊重、上司的重视而郁闷、伤感吗？你还在为新的问题在这里得不到解决而烦恼不已、手忙脚乱吗？面对那些意气风发、积极向上的新人，你甘愿乖乖交枪投降吗？

试着不停地给自己"充电"，为自己的美丽加油打气吧！通过业余学习、培训和脱产进修等途径都可以，让自己永远都是年轻的、跟得上时代的优雅女人。如果你能够做到这一点，你的工作才有可能完成得更加完美，你才可能步步为赢。

新的战斗开始了！

不一样的思想，不一样的气场

不违背内心生活，做想做的事

在现实生活中，你会发现不少女人过着"违背内心的生活"。何谓"违背内心"呢？并不喜欢那个男人，但还是勉勉强强地与之结婚生了，生活在了一起；很厌恶自己目前从事的工作，却又不能摆脱；明明内心苦闷不已，压抑和烦闷占据了她们的内心，却还要坚持每天笑脸迎人……她们的生活毫无乐趣可言，有的只是煎熬和挣扎，活得特别累！这样的女人，毫无生气可言，更谈不上给人以洒脱大气之感了。

实际上，这种情况就是由于自身的内在与外在脱节，发生了相互排斥的反应。我们的内在能够产生一种能量，同时我们周身的环境也会对我们产生一定的影响，可以说是另一种力量。而这两种力量是相合还是相斥，就在于你的抉择了。当你一直在违背自己内心生活的时候，就很难获得所谓的成就感。因为你所做的一切，都不是发自内心的渴望，如此你会被两种相反的能量卷入一个力量的漩涡，自然会感觉极其苦闷；而你顺应了自己内心的时候，两种力量就会同时成为你的能量。

女人必须要读懂自己的内心，知道自己想要什么。找到了喜欢并适合自己的东西，遵循自己的内心生活，使内心的憧憬与外在的行动表现出高度的一致，才能使内在与外在得到统一，并形成一股强大的感染力。

你可能没有娇美的容颜，可能没有华丽的服饰，可能没有婀娜的身姿，但只要你能时常听听内心的声音，做自己真正喜欢的事情，协调好自己的内在和外在，那么你所到之处，举手投足、一颦一笑都会流露出一股散不去的生命馨香；你的周身会散发出无人可比的大气，就像磁石一样吸引着每一个遇到你的人，给人一种扣人心弦的美。

笑对流言和那些不喜欢自己的人

每个女人都有自己的生活方式，即使你做人做事再好，难免也会有考虑不周的地方，无可避免地会有人不喜欢你。他们或者对你冷眼相待，或者采取消极不合作的态度，甚至恶毒地诋毁和污蔑你。面对这些不切实际的流言，面对那些中伤者，学会用优雅的姿态面对，不徐不疾地将事情的真相娓娓道来，或者干脆用沉默代替解释，不必用激烈的言论来对抗激烈的言论，不必表现出一副惊恐或者愤怒的神态。生活是你自己的，怎样活也是自己的事情，一味地纠缠、问个究竟，反倒会让自己显得没有内涵，缺乏大气之美。

文学大师拜伦曾说过这样一句话："爱我的我抱以叹息，恨我的我置之一笑。"他的这一"笑"，真是洒脱极了，有味极了。对那些不喜欢自己的人，最妙的回答是——让心灵安详地微笑。

由于工作出色，若茗进入公司不到三年就被领导提拔了，她从一个普通的会计晋升为了财会小组长。遇到这样的好事情，若茗心里自然是美滋滋的，上下班路上都哼着小曲，但是很快这种好心情就被破坏了。

有一个同事心里不平衡，觉得自己是老员工，凭什么这么好的机会让资历尚浅的若茗"捡"了。于是，对若茗的态度尖刻了起来，说话很不客气，有时还带着"刺"："有些人爬得真快，也不想想是谁在给她垫着背"、"人家年轻人长得好看，悄悄抛一个媚眼，自然就能得到老板的宠爱"……

听到这些，若茗自然明白对方有所指，她很是气愤，但是理智控制了情感。办公室就几个人，她也不想搞得很僵，毕竟还要来往，而且自己也要发展和进步。于是，每当同事再对自己风言风语时，若茗都是嫣然一笑，继续埋头工作。

就这样，若茗顶着被否定的心理压力，不断地提高自己、完善自己，工作成绩越来越好，又一次次得到了领导的表扬。时间久了，这位同事也觉得若茗的工作能力的确比自己高出不少，便也不好意思再说什么了。

笑对那些不喜欢自己的人，嫣然一笑，仍走自己的路，表现出优雅和从容，彰显出无谓和坦然，这种气场怎能不像磁铁一般紧紧地吸引着别人的目光和心灵？再者，一个能够在众人的目光下努力将自己变得越来越好，让众人望尘莫及的女人，气场势必具有令人震撼的力量，未来还有什么阻碍能够挡得住你呢？

说到这里，我们不禁要思考为何别人会不喜欢自己。原因无非是我们给对方的印象不好，抑或是彼此利益的对立，也有可能是我们身上某种不良的习惯，等等。因此，泰然自若一笑之余，你还要充分发挥女人的包容性。试着与对方做一下真诚的沟通，平心静气地倾听对方对自己的意见和看法，分辨这些是好或是坏，是对还是错，是恶或是善。分析之后，若发现自己真的存在一定的盲点，那不妨微笑着接受，这会给人留下真诚坦率的印象，这种明亮、有力的气场会将别人的不喜欢转化为对你的欣赏。

总之，面对不喜欢自己的人时，笑着接纳他们以及他们对自己的意见，这体现着一个人的襟怀和涵养，也是继续前进的动力，相信你终究会变得更加优雅高贵。

沉默的力量

生活中不少女人有一种下意识的错觉，总觉得只有喋喋不休地说个没完，才能有表现自己的机会，才能加强自己的存在感，才有可能给别人留下好印象。但结果如何呢？恭维的话、赞美的话说了一堆，却落了个"没有修养"的评价，总是让人厌恶，并难以让人心悦诚服。

而与之相反，有些女人虽不多言，却善于利用目光、神态、表情、动作等各种因素，或明或暗地表达自己的思想感情，既利用它达到了自己的目的，又表现出了谦和大度、优雅从容的修养，赢得了众人欣赏。

沉默所表达的意义是丰富多彩的，它以言语形式上的最小值换来了最大意义的交流。沉默是语句中短暂的间隙，是超越语言力量的一种高超的传播方式，恰到好处的沉默能收到"此时无声胜有声"的效果。

所以，请适时地闭上你的嘴巴吧！与别人的交往中有时更需要沉默，少说反倒能够表现出你的优雅和你的内涵，使你的人气指数暴涨，这就是"沉默是金"的力量。

沉默的力量相当强大，无论是消极的还是积极的。

在影片中，我们常常可以看到监狱中有一个叫作禁闭室的房子。这种房间非常狭窄，既见不到阳光又无人和你说话，你就这么静静地待着，正常的人在里面关上一天都感觉度日如年，时间长了甚至会让人疯狂。

正是如此，许多心理战的高手才经常会利用"沉默"这张牌来打击对手，他们与人讨论、争执、谈判时，默不作声、置之不理，从而让对方在心理上有种压迫感，最终制胜。做聪明的女人，你就要学会打好这张牌。

下面，让我们来举一个典型的例子吧。

有位著名的女谈判专家替她的邻居与保险公司交涉赔偿事宜。

理赔员先发表了意见："女士，我知道你是谈判专家，一向都是针对巨额款项谈判，恐怕我无法承受你的要价，我们公司若是只出100美元的赔偿金，你觉得如何？"

女专家表情严肃地沉默着。根据以往经验，不论对方提出的条件如何，都应表示出不满意，此时，沉默就派上了用场。因为，当对方提出第一个条件后，总是暗示着可以提出第二个、第三个……

理赔员果然沉不住气了："抱歉，请勿介意我刚才的提议，再加一些，200美元如何？"

良久的沉默后，女谈判专家开腔了："抱歉，无法接受。"

理赔员继续说："好吧，那么300美元如何？"

女专家过了一会儿，才说道："300美元？嗯……我不知道。"

理赔员显得有点慌了,他说:"好吧,400美元。"

又是踌躇了好一阵子,女谈判专家才缓缓说道:"400美元?嗯……我不知道。"

"那就赔500美元吧!"

就这样,女谈判专家只是重复着她良久的沉默,重复着她的痛苦表情,重复着说不厌的那句缓慢的话。最后,这件理赔案终于在500美元的条件下达成协议,而邻居原本只希望能要到300美元!

由此可见,在绝大部分的领域内,你说得越少,就越显得神秘,显示出一种成竹在胸、沉着冷静的姿态,尤其在神态上更会有一种优势在握的感觉,正如"天不言自高,地不言自厚"的深沉、积蓄和成熟。

沉默之所以可贵,是因为它另一方面也显示出了你宽广的胸怀。你的不动声色、不理不睬并非是对错误的迁就,而是留给了对方一个自省的余地,这远比唇枪舌剑的争论更有震慑力和说服力。

应该说,很多时候,沉默作为一种无形的力量,虽然没有口头上的言语,却在气势上压倒了对方。所以,当发生意见不合时,你无须急于解释、说明、评价等,也不用大发脾气,不妨保持沉默吧。

沉默并不是简单地只一味地不说话。许多时候我们必须开口,但重要的是,要找到恰当的话,即使片刻的沉思,也会使我们头脑中的思路更加清晰,说出的话更准确、更有效。适时的沉默实在是一种睿智的行为。

当然，我们并不否认，有些时候，沉默在给我们带来力量的同时，我们的孤独感也随之产生了。但话说回来，这种孤独是拒绝平庸后的高贵，是抛弃浅薄后的深刻，女人才有了那份属于自己的优雅。

在沉默中，我们更知晓自己真实的想法，更好地焕发内心的潜能，由里及外表现出谦和大度、优雅从容的修养。沉默相当于音乐中的休止符，有了它才会使音乐更有节奏，愿我们打好"沉默"这张牌，做一个永远受欢迎的女人！

内在的修养,
岁月带不走
的魅力

修养是女人最美的味道

一个女人所具有的美好形象,不仅仅是因为她美丽的面容,更因为她一举一动中流露出来的气质和修养。一个女人,有了内在的修养,才能辐射出感染人的美好气场。修养是成就女人气场不可缺少的元素,没有修养的灵魂是浮躁的,是短暂而经不起考验的,唯有内在丰富而强大的女子,才是值得大家追随和推崇的女人。

有这样一则小故事:

有个漂亮并且时髦的女人在头等舱和空姐发生争吵。原来,她买的是普通舱的飞机票,却非要去头等舱坐。不管空姐怎么好言相劝,她都只重复一句话:"我是美女,我就要坐头等舱。"

后来,机长过来了,他对那个高傲的美女低声说了一句什么,美女就乖乖地回到了普通舱。后来空姐问机长说的是什么话,机长说:"我告诉她头等舱不到某个地方而已。"

有人说：一个女人在 20 岁时美在容貌，青春散发着清新的光芒，这样的女人会让人感到轻松愉快，但这样的感觉很快就会消失，很难在记忆里留下什么痕迹。30 岁的女人胜在气质，当女人步入这个年龄段时，她的学识、经历、人生体验都有了很大的转变，思想的成熟体现为女性独特的气质美，这时候的女人不仅美丽，而且是让人佩服的。当女人走入 40 岁时，她所有的美丽就都凝聚成一个词语，那就是"味道"。这种美来源于对生活的感悟、对人生的理解，来源于她处世的姿态和丰富的内在修养。有味道的女人，才有令人难以抗拒的魅力。但这味道，需要有学识、思想、修养、内涵作为填充，否则就会像气球，一扎即破。要提升人格魅力，就要先练就自身的修养。

有修养的女人，就像是一抹永不凋零的风景，不管处于什么样的状态下，都能够用只言片语来宽慰你压抑的内心。她们在乎的不是外表的引人注意，她们更注重的是自我的内心修饰和涵养。有修养的女人懂得生活，热爱自己经历的一切事情。在她们眼里，每一段人生经历都是弥足珍贵的，因为她们深切地知道人生没有第二次，消失的每一分每一秒，都是不可能重新来过的。她们不是不食人间烟火的仙女，也不是懵懂的孩子，她们知道自己在人生中扮演的角色，她们能够给自己的人生一个正确的定位。

修养不是与生俱来的，而在于后天的培养和对自我的严格要求。只要你努力充实自己，注重内在美的修炼，时刻记得用修养和内涵去平息愤怒、焦躁的情绪，那么你的心会慢慢丰盈，你的魅力也就越来越大，你的人生也在一点点地发生改变！

修炼平实而温暖的魅力

有人说："真正的好女人，是能让人感到温暖的女人。"一个温暖的女人总是吸引着你去靠近她，你对她的渴望就像春天渴望阳光，冬天渴望炉火。

温暖是一个平实而又让人倍感亲切的词语，但不是一个狭隘的词语。生活中，让人感到温暖的女人也是多种多样的，虽然个性不同，但优雅中都透着相同的亲切和温和。温暖的女人，不一定貌美如花，不一定有超凡脱俗的气质，也不一定追求高贵的生活。但她们拥有绝美的心灵。一个单纯漂亮的女人，就算用着名贵的香水，也有失去芬芳的一天。而对拥有温暖的女人来说，她们内心深处散发出来的幽香却是经久不衰的。

温暖的女人，不会因为尊贵的出身、高学历、美丽的脸庞而盛气凌人，也不会因为一件小事喋喋不休。她们骨子里有一种亲和力，这种亲和就是尊重内心、不媚不俗、宽容随和、通情达理。她们热情又充满自信，脸上总带有淡淡的微笑，弥漫着属于自己的独特魅力。

有句名言说："温暖，是一种人格，一种文化，一种修养，一种优雅，一种美好情趣的外在表现。"温暖是一种无形而强大的力量。女人一旦把让别人感到温暖作为人生坐标，那么她的人生自然也会变得不同。

温暖拥有让女人变得伟大的神奇魔力，它能让女人的周身都充满爱的力量。德兰说："我们都不是伟大的人，但我们可以用伟大的爱来做生活中每一件最平凡的事。"做个让人感觉温暖的女人吧！把这种温暖转化成内在的修养，呈现出最为强大的魅力，无论是谁，都会因为你温暖的强大气场，愿意和你在一起！

善良可以让魅力更持久

记得有这样一句话："男人要坚强，女人要善良。女人可以不漂亮，但一定要善良。"在词典里，善良是这样被解释的：心地纯洁，没有恶意，也就是拥有一颗大爱心、同情心，不害人、不坑人、不骗人。

"人之初，性本善"，善良，是做人最基本的品质，是这个世界上最美好的情操，是人类先天存在的唯一崇高的根基。法国作家雨果说得好："善良是历史中稀有的珍珠，善良的人几乎优于伟大的人。"

很多漂亮女人在意呵护自己光洁的皮肤，注重自己的仪容，但她们往往忽略了内在的修养，自私自利、心狠手辣。殊不知，即使她再成功、再漂亮，失去了善良，所有的一切都将黯然失色。

有这样一段有关女人的话："如果想让一个人爱你一辈子，就得给他一个过硬的理由：你要么长得漂亮，如果不漂亮，就得有气质；如果没有气质，就得有才华；如果没有才华，怎么也得性格好；若性格不好，那就得善良。"

说到底，善良是女人美丽的最底线。漂亮的脸蛋只能得到他人一时的青睐，日久了却难免让人生腻，最终难逃被淡忘的命运。只有心灵美才是最长久的魅力，而善良正是内心美的先决条件。若没有了善良，美丽就不成美丽了！

国王有三个花容月貌、倾国倾城、美艳绝伦的女儿，但这三个女儿却个个娇纵蛮横，贪图荣华富贵。每当有朝臣进谏时，国王总喜欢把女儿们叫出来展示一番。"你们看我的女儿们美吗？"他最想听到众人的赞叹声。

一天，一位德高望重的学者拜见国王。国王照样把女儿们叫出来，问："您是最英明的人，您看我的女儿们美吗？"

学者没有直接回答国王，而是说："我们来打个赌，你带着你的女儿们去全国各地街上游走。如果人人都说她们美的话，我就输给你1000两银子。但只要有一个人说她们不美，你就输给我1000两银子，怎么样？"

国王心想："我的女儿们是全国公认最美的，而且还可以拿到1000两银子，何乐而不为呢！"便欣然答应，带着女儿们到各地游走了。不出所料，所到之处每个人都说国王的女儿们漂亮非凡，国王和女儿们甭提有多高兴了。

最后一天，突然下雨了，国王带着他的女儿们来到一个寺庙避雨。国王站在观音菩萨的座前，得意扬扬地问道："菩萨，您看我的女儿们漂亮吗？"

观音菩萨微笑着答道："我看不漂亮！"

国王非常不高兴，问道："全国人都说我的女儿们漂亮非凡，怎么就您一个人说她们不漂亮呢？"

观音菩萨回答道："世人论美看的是面容，而我看的是心灵。一个外表貌似天仙却口出恶言、心贪钱财、意起邪念、心如蛇蝎的女人，我们能说她美吗？当然不能。一个外表丑陋却心地善良的女人，我们能说她不美吗？当然也不能。"

听了观音菩萨的话，国王给了学者1000两银子，灰溜溜地带着女儿们离开了。

在任何环境里，华丽打扮的美丽与娇媚容貌的美丽都只是暂时的；而善良的女人却总被认为拥有常人所没有的大气，而这种大气，才是永恒的魅力，因为善良这种美丽是用"心"评出来的。古往今来，女人的美丽和女人的善良几乎都拉扯上关系。

她，就是这样一个人！奥黛丽·赫本，她在这个世界上只度过了64

年。她有着天使般的美丽面容、精湛出色的演技，以及善良美好的心灵。

赫本一生留下二十多个经典银幕形象，更以巨大的人格魅力赢得全世界的喜爱。她终其一生保持着谦和温厚、优雅高贵的性格，以仁爱之心应对整个世界。她担任联合国儿童基金会大使，致力于慈善事业，不时举办一些音乐会和募捐慰问活动，并多次远赴非洲为饱受战火蹂躏的儿童贡献力量，足迹遍许多国家。

1992年底，赫本还以重病之躯赴索马里看望因饥饿而面临死亡的儿童。她的一句名言是："记住，如果你在任何时候需要一只手来帮助你，你可以在自己每条手臂的末端找到它。随着你的成长，你会发现你有两只手，一只用来帮助自己，另一只用来帮助别人。"

人们并没有忘记这位美丽善良的"安妮公主"，联合国儿童基金会为了纪念奥黛丽·赫本所做的贡献，专门为她在纽约总部树立了一尊以她名字命名的七英尺高的青铜雕像；世纪之交时，权威杂志评选20世纪最完美女星，赫本高居榜首。

女人的善良是人类温情的源泉。善良可以关爱别人，同时也善待自己。善良可以帮助别人，默默无闻奉献自己。善良不需开出美丽的花，但能结出丰硕的果。

善良不像鲜花那样鲜艳灼人，却如梅花暗香浮动；善良不像风雨油然而来，却如松树底色常青。只有善良，才是女人由内而外的独特魅力；只有善良，女人所做的付出与牺牲才会让人敬重；只有善良，女人在受到伤害时才会得到别人的关爱！

漂亮的女人养眼，善良的女人养心，女人可以不漂亮，但一定要善良。当然，既漂亮又善良的女子，那是求之不得、千里挑一的极品精致女人了。相信，她也只是轻轻一笑，都会令众人觉得她无比优雅动人。

善良是女人最大的优点没有错，但是你一定要学会用智慧调控，明辨是非方向。没有原则的善良，一味地妥协和纵容，而没有勇气抗争和改变，往往会被"恶"所利用，受伤害的只能是自己。

保持好心态也是一种修养

一个女人表面的美丽永远不能够称得上是真正的美丽，只有提高自己的修养，只有充实自己的人生，才能在时间的雕刻下显现出深层次的、难以失去的永恒之美。

心灵的力量是强大的，并且是未知的。女人的心态如何，气场就如何。修养，不仅仅是丰富学识，懂得礼仪，能够让人感受到你的内涵和优雅，还必须拥有一个好的心态。可以说，在决定你是一个魅力女王还是普通女性的众多因素中，"心态"绝对是最重要的一个引导和支配。

有人说，女王与女人之间只有很小的差异，但这种很小的差异却往往造成巨大的差别！有位名人曾说过："人生中有85%的成功都取决于心态，只有15%取决于能力。很多时候，我们没有办法选择自己生存的环境。但用心去改变自己的态度，却是马上可以做得到的。"

有着平和心态的女人，就像一块温润的玉，总是能在无声无息中安抚那颗在尘世中焦躁不安的心。她们身上会散发出玉的光辉，吸引别人的注意，使自己成为焦点。她们给人的感觉，不骄不躁，总是在优雅娴静中隐隐地散发出弥久的幽香。

保持好心态，也是一种修养。因为缺乏修养的女人，很难做到这一点。面对打击，无法平和地接受；面对痛苦，无法微笑着感恩。作家伊丽莎白·唐莉在《用微笑把痛苦埋葬》一书中写道："人，不能陷在痛苦的泥潭里不能自拔，遇到可能改变的现实，我们要向最好处努力；遇到不可能改变的现实，不管让人多么痛苦不堪，我们都要勇敢地面对。用微笑把痛苦埋葬，才能看到希望的阳光。"

伊丽莎白·唐莉曾经是一个悲观失望的女人，不过后来她转变了心态，痛苦如同冰山一样被消融掉了，快乐变成了生活永恒的格调。让我们一起来看看她的故事吧！

"二战"期间，在庆祝盟军于北非获胜的那一天，家住美国俄勒冈州波特南的伊丽莎白·唐莉女士收到了国防部的一份电报：她的儿子在战场上牺牲了。这是她唯一的儿子，也是她唯一的亲人！

伊丽莎白·唐莉无法接受这个突如其来的严酷事实，她觉得自己不幸极了，人生再也没有什么意义，她的精神到了崩溃的边缘，痛不欲生，心生绝望。渐渐地，伊丽莎白·唐莉发现自己身边的朋友越来越少了，于是她决定放弃工作，远离家乡，然后找一个无人的地方默默地了此余生。

在整理行装的时候，伊丽莎白·唐莉忽然发现了一封几年前的信，那是儿子在到达前线后写给她的。信上写道："请妈妈放心，我永远不会忘记您对我的教导，无论遇到什么样的灾难，我都会勇敢地面对生活，像真正的男子汉那样用微笑承受一切不幸和痛苦。我永远以您为榜样，永远记着您的微笑。"

顿时，伊丽莎白·唐莉热泪盈眶，她似乎看到儿子就在自己身边，关切地问："亲爱的妈妈，您为什么不按照您教导我的那样去做呢？""是啊，用微笑埋葬痛苦。"伊丽莎白·唐莉一再对自己这样说，并打消了背井离乡的念头。后来，她努力让自己快乐地生活，并打起精神开始写作，著成了《用微笑把痛苦埋葬》这本书，受到了大家的热烈追捧，一举成就了出色作家的荣誉。

在遭遇生活的痛苦时，伊丽莎白·唐莉悲观绝望，她整个人看上去都糟透了。但是之后在她心态发生转变后，她选择了"用微笑将痛苦埋葬"，把消极的态度转变成了积极的态度，由此她的气场也变了，她的身体就像是释放着耀眼的光芒的能量体。积极向上的气息，是女人最迷人的优雅。

伊丽莎白·唐莉的故事启迪我们："要么你去驾驭生命，要么是生命驾驭你，你的心态决定谁是坐骑，谁是骑师。"你的心态如何，魅力就如何。心态若改变，你的一切都会跟着改变，包括你的人生轨迹。

这个世界总有很多让我们无奈和失望的事情出现，我们难免会遭遇各种各样的坏情绪，如沮丧、挫败、烦躁、懊恼……但是，每个女人都应该修炼出一个好心态。一个拥有好心态的女人会由内而外散发魅力，以女王的大气风范给人带来希望、自信、勇气。

知而不随,
遇见心想事成
的自己

找到自己的存在感

生活中,无论我们走到哪里,身处怎样的场合之中,都希望得到他人的关注,给予自己想要的东西,获得一种心理上的满足。其实,这就是个人存在感,也是每个人都在极力追求的东西。

存在感对一个人而言,到底意味着什么?简单来说,就是通过他人对自己的关注发现自我的价值,了解自己最惹人注意、被人欣赏的地方,在未来更加有效地吸引他人的目光,让自己的价值给对方带来强烈的震撼。缺少了这种存在感,人的内心就会感到失落。

有些女人经常会这样抱怨:"××(家人、伴侣、上司、同事等)根本不信任我,不管我怎么做,他都不满意。"实际上,这就是失去了他人的关注，找不到自身存在的价值。即便她真的是优秀的、能干的、美丽的，若是得不到重用，无法获得异性欣赏的目光，也势必会怅然若失。久而久之，这样的冷落和忽视的感觉会导致自卑，同时让人的心理变得更加脆弱。这就足以证明，存在感对于一个人的重要意义。

在一次好莱坞电影明星的豪华酒会上，到处都是奢侈的装饰品，还有众多漂亮的女明星。然而，当一个人女人登场的时候，会场的焦点聚集在她一个人的身上，所有奢华耀眼的事物都黯然失色。这个女人就是玛丽莲·梦露。每个人都被她吸引了，目光一直追随着她，甚至很多人都情不自禁地朝她走去，希望与她握手、交谈，哪怕只是近距离地看看她也觉得无比荣幸。这就是玛丽莲·梦露的存在感！

玛丽莲·梦露能够拥有这样的存在感，并不是因为她头上那顶明星的光环，因为所有的与会者都是明星和商界政界有头有脸的人物，她能够在众人中脱颖而出，成为万人瞩目的对象，凭借的还是内在所显露出的气场。气场，是一个人对自身存在的感知。玛丽莲·梦露在举手投足之间都散发出一股吸引力，在气势上压倒了所有的人，彰显出一股女王般的大气，这就是最强烈的存在感！

有些女人得不到他人的认同，找不到自身的存在感，便会抱怨自己付出了很多行动，只是他人视而不见；或是选择哗众取宠，卖弄自己引起他人的注意。实际上，这样的吸引力只是暂时的，甚至会起到相反的效果。真正有气场的女人，从来不会这样做，也不需要这样做，她们会努力做最好的自己，通过内在的实力，散发出耀眼的光芒，吸引众人的眼球。

要找到你的个人存在感，就要学会锻造自己的内在。内涵不是天生的，也不是从外界学来的，它取决于后天的环境以及成长中不同的选择，以及不断地培养。

学会欣赏自己，不要把别人当成自己的情绪稳定器，要拿自己当一面镜子，这对于自我的提升、找到自身存在感尤为重要。接下来，找到并感觉一下你的气场：温文尔雅的，知书达理的，特立独行的，性感而充满热情的。然后，你要做的就是穿着与你风格相符的衣服，不要盲目地追求回头率，找到属于你的风格，一味地跟风只会让你丧失存在感。

当你的外在形象与内在气质相符时，你的整体形象才是最吸引人的、最具个人魅力的。只做自己，你会有一种自信而迷人的特殊魅力，你所期待的女王风范自然如约而至。当然，要使得气场彰显出强烈的威力，那还需要更多内在的修炼。

认清自己，发现自己的吸引力

罗兰说："一个人要先认清自己，才有能力选择自己想要的，并且一直坚持下去。一个不能认清自己的人，就会没有目标，最终一事无成。"一旦抬起头，认清自己并接纳自己时，就会立刻光芒四射，找到自己的人生方向，增强自己的魅力。

世界上没有十全十美的女人，每个女人，天性中都有这样或者那样的缺点，我们要做的不是执着于这些缺陷，而是认清它们、接纳它们或者改变它们。如果你总是看自己身上的缺点，不去挖掘自己身上的优点，不去发现自己的吸引力所在，找不到自己的存在感，如此自信和热情很容易会被压制，你的内心将充满自暴自弃、悲观厌世的消极思想。

奥黛丽·赫本的身材并不完美，她长得很是清瘦，手足细长，但是，她散发出来的气质让人觉得她就是一个完美的女人。这是因为，奥黛丽本人对于自己的外表没有太多苛求，她说："每个人都有缺点和优点，将优点发扬光大，其余的就不必理会。"她已经将自己塑造成了美好的典范，她的观点值得每个爱美的女士借鉴。

只有自己在内心肯定自己，心平气和地接受自己，才能找到自己的存在感，有所作为的心灵行动才会真正开始，有价值的人生内容也就从此而生了。所以，你真的没必要因为自己比别人矮而自卑，也没有必要为自己缺乏健美的身材而气愤不已，更不必因为自己某方面的缺憾而自怨自怜。要学会包容自己的缺点，给不完美的自己一点赞赏，让自己的价值给别人最强烈的震动！

的确，世界上没有完美的个人，就像我们永远也找不到一片完美的树叶一样，但是谁能说不完美就不可能有魅力、就不迷人呢？！世界名作维纳斯的雕像之所以美，不正是因为缺少了双臂，才产生了震撼心灵的效果，迎来更多游客的青睐吗？

既然如此，我们何必要纠结于自己这样那样的不足和缺陷呢？！适当允许一些不足的存在，给不完美的自己一点赞赏吧！相信这种发自内心的肯定力量，会让你变得自信起来。自信的女人自然迷人，生活在你眼中自然也会更加美好。

从现在开始，好好审视一下自己，找找自己有哪些不足。给不完美的自己一点赞赏，正视并承认自己的不足，并尝试着改正自己的不足……相信不久以后，你将变得越来越接近完美，将一个崭新的自己呈现在众人面前。

重唤感知自己的能力

外界的能量每时每刻都在影响你。它们不断撞击着你,也有可能要霸道地操控你的能量,从而影响你的平衡。你只有对自己的魅力变化感知敏感起来,才能有意识地控制住出入你身体的能量。

以下的练习可以重新唤起你感知自己的能力,增加你对外界能量影响的感知度。随着你的感知力发展,你会越来越敏感,你完全可以去阻止那些会对你造成压力的能量,并引导那些对你有益的能量发挥正面的作用。

人类手上的神经非常丰富,既能感受能量,又能发射能量。从双手开始练习,这是探寻气场最容易的方法。当双手的敏感度增加以后,你可以再去试着提升其他部位的敏感度。

选一个舒服的坐姿,花几分钟时间放松自己。两手掌均匀搓揉,持续大约15~30分钟,直至手温增高,这能有助于提高双手的敏感度。

伸展双手,与身体保持0.3~0.5米的距离,一只手的手掌向上,用另一只手的食指指向它,保持大约0.6米距离,然后慢慢地深呼吸。随着气息的吸入和呼出，想象能量正在你的手掌和食指间聚积。几分钟以后，食指缓慢而平稳地向掌心移动，尽可能靠近，但不要接触。重复食指靠近掌心和移开掌心的动作。

几分钟以后，食指与手掌之间保持 0.07~0.15 米的距离，慢慢地深呼吸，用食指在掌心上画小圈。我们可以想象一股能量正以螺旋形方式从食指释放出来，形成一个能量环，作用到摊开的手掌之上。

在做动作的同时，可以留意你手掌上的感觉，如果闭上眼睛会让你的感受更加地强烈。你越把精神集中投射在食指释放的能量上，你的感受就会越强烈。当然，每个人的感觉都会大相径庭，你可能会感觉到压力的增加，也可能会有其他感觉，如麻刺感、生痒感，温暖或冰凉，或有一种黏稠感充斥在手掌之间，甚至还会觉得什么东西在有规律地跳动。

完成了上面的练习之后，你就可以做进一步的探索了。卷起袖子，在裸露的前臂上重复刚才的练习。用食指螺旋形释放能量，慢慢地拉近你的手与前臂之间的距离，将能量引向前臂。距离拉得多近时，你可以感觉到来自前臂的能量？你还可以用手指画简单的几何形状，比如圆圈、方形或三角形等，当心手指不要接触到前臂。

多多留意你的感觉和体验，并将前面练习中的体验加以对比。你就会发现，你现在所能感觉到的与你做双手练习时感觉到的很类似。也许此时的感觉不是那么地强烈，但是你完全能够感觉得到了。

接下来，你就需要找到一位朋友来和你一起做下面的练习了。这个练习虽然简单，但却可以充分让你感受到身体外围的能量，甚至能够感知到它对自己的影响。

首先花几分钟时间让自己放松下来。背靠着墙站立，闭上眼睛。请你的朋友站在屋子的另一侧，保持一定距离。

然后请你的朋友悄悄地、慢慢地向前走，到你能感受到他／她为止。你的朋友每次只能迈出一步，每迈出一步之前要稍做停留。注意你的朋友悄悄走来时，你能感觉到吗？距你多远时，你可以感觉到他／她？你的感觉是怎样的？再找一两个朋友来，一起走近你，你的感觉又是怎样的？是不是比刚才更容易感觉到能量的变化了？

这是一个效果很好也很有趣的练习，做的时候你可以加些小变化进去。

让朋友站在你身后大约 0.91 米的位置，举起手来，就像他／她准备去推你那样。慢慢地伸展手和胳膊，就像正在向前推一面隐形墙。当手和胳膊完全伸展后，再做向后拉的动作，就像正在把那面隐形墙向后拉。

重复推拉动作，向前，再向后，动作要缓慢而清晰。朋友在做这个动作时，也在将你的气场向前推或向后拉，朋友的推拉动作你看不到，但你有没有感觉到身体会随之前倾或后仰？

由于身体摇摆的幅度很小，不容易看出来。这时你还可以再找一位朋友，充当观察者。请他站在或坐在距你们1.5~3米远的地方，从侧面观察你们的动作。这样身体的摇摆很容易就能看出来。

不管练习动作如何变化，你会发现你所感受到的能量形式大致相同，可能是一种压力、一股热力、一团冷气或是一种黏稠感等，只是能量强度有所区别。也许感觉不是很强烈，但你一定可以感知得到。如果你一时还没有感觉，那就慢慢地重复以上动作。

通过这样的练习，你的感知能力会逐渐被重新唤起。你会突破原来的感觉模式，对这个世界开始有了全新的认识，开始满心期待用苏醒过来的感知模式重新感受一切，包括你自己，也包括这个世界的变化。

从内心开始冥想

有一句古老而神秘的格言说："思维带动一切能量。"你头脑中在想什么东西,你就会呈现出什么样的状态。

我们都深有体会:如果你一心盼望着去度假,那么在假期到来之前,你就会自然而然地放松自己,一切都变得轻松而闲适;如果你将全部精力集中于一次重要的会议,那么你自然而然就会调整为"严肃模式"来配合当前的环境。

我们周身都有气场,它从本质上来说是不稳定的,生来易受干扰。由于恐惧、怨恨、渴望和其他强烈情感的驱使,我们很有可能会全凭一时冲动去行事,这样我们就难以掌控自己,这是非常不利的。

不过,以后没有关系啦。随着你感知度的提升,你完全可以去阻止那些会对你造成压力的能量,稳定自己躁动的内心,并引导那些对你有益的能量发挥正面作用。其中,冥想是一种有效的控制手段。

美国著名的圣·巴巴拉意识研究学院的创始人兼院长阿兰·华莱士说:"冥想者始于心灵深处,就像从沸水锅底升起的气泡。它是提高心智的长期策略，能充分激发对人们有益的大脑能力。"

一个能够控制自己的人，无疑他能最大限度地让自己的内心发挥出积极的能量。不管面对什么情况、面对什么人，这个人都是稳定和强大的，能够让每个人感受到自己的吸引力和影响力，这也是胜利的砝码！

你想控制自己吗？现在就开始冥想练习吧！

躺下或松弛地坐好，尽可能地使自己放松和舒适，慢慢地，有意识地将你的思想下降到你的腹部、肚脐下面（也可将双手敷于肚脐下），集中精力对自己说"我非常地平静，非常地放松"……

随着每一次的呼吸，感觉自己随着吸气变重，随着呼气变轻。让你的意识、你的目光从身体里向外看，从肚脐看到你的双脚，感觉空气冲入你的身体，感觉空气冲出你的身体，然后是你的双手、肩、膝盖、踝骨……呼吸逐渐变得深沉，你的身体膨胀的幅度也越来越大，你仿佛能漂浮起……

想象一下，你现在漫步在一片宽阔的草原上，看看蓝天下一望无际的绿色草地，各种鲜花星星点点地布满了原野，再仔细地看一看这些鲜花的颜色和形状，闻闻花的芬芳气味，轻风温柔地吹在你的身上，舒服极了。

你也可以将自己加入到你的想象里，例如，幻想自己是草原上的一朵花，感觉空气如同流水般渗透你的身躯，阳光融入你身体的中心。周围的一切仿佛都不存在了，你与阳光和空气融为一体……想象要细致而逼真，要有身临其境的感觉就最好了。

一切都很宁静……你似乎失去了体重。

只要你想，你可以把自己放到任何场景中。想象自己忽而飘浮在安静的湖面上，忽而又深入到葱郁的山谷中，或者与朋友们尽情地嬉戏玩耍着。总之，你要用心去感觉，你的身体变得很轻很轻，轻得几乎能在空中飘浮着，能够去你所能想象的任何地方。

要知道，冥想的时候并不需要吸收外界的能量，你的思想会引导着你的能量缓缓地沿着经脉推进。

开始不要着急，这样的练习可以多做几次，多找找感觉。你也可以借助一些轻音乐或背景声音来帮助自己想象。越是长久地把注意力专注于自己的身体，你体内的能量就会越强烈。

请你慢慢站起来用双手擦面部，睁开眼睛，伸个懒腰，就好像刚刚从睡梦中清醒一样。这时你会惊喜地感觉到原本体内朴实无光的气质开始散发出光亮，即便是这种变化十分细微，但你依然感到精神焕发。

这个练习可以帮助你集中注意力，也让你对美丽的认识不仅仅停留在皮肤阶段。花几分钟时间，试着把你的感觉描述出来，想象那些相互的联系，感受它的样子……不要考虑这些感觉是真实的还是想象出来的，不要担心你的感觉和别人的不太一样。记住，你有自己的能量频率，所以你的感觉也一定是与众不同的。你感觉到了什么，这才是最重要的。

值得一提的是，新鲜空气对于冥想是非常关键的。因为大脑是人体耗氧量最大的器官，我们1/4的氧都是供给大脑使用的。所以，在冥想的时候，你要确保新鲜空气的充足供给。

塑造个性，
走到哪儿都是
主角

依靠个性，打造自己的专属魅力

每个女人，都应该不断使自己的心灵得到成长，还要学会塑造个性，打造出自己的专属魅力。不断地拿自己与他人相比，只能够对自我形象、自信及能力产生负面的影响。要知道，一个人对自己的认识、定位，以及确立的目标，决定了他们日后在这个世界上的独特位置，以及潜能的发挥程度。换句话说，一个失去了自我个性的人，就像是海上一艘没有方向的船，不管朝哪个方向行驶，都是逆风的。而这样的人，无法锻造出自信、与众不同的气质，因为他们是盲目的。

我们的生活中有很多辜负了自己美丽的女人，她们本来有着独一无二的魅力，却担心自己没有别的女人漂亮、年轻、活泼等，盲目地去效仿别人，重复别人的魅力，改变自己的风格，结果失去了自己，失去了最真实的美丽。

诚然，爱美是女人的天性，但是美也不可以"乱"来，好比一句话所说的："最丑的不是东施，而是东施效颦。"所以，崇尚美无可厚非，但一定要记住，千万不要去试图模仿别人的风格。

可以说，世界上最糟糕的心理毛病就是打从心底想成为另一个人。好莱坞导演山姆·伍德坦言，他在教导新演员拍戏的时候，最头痛的就是如何让演员表现出自己的风格。那些新演员们的心里，只想着成为第二个谁谁谁，而不是他（她）自己。即便真的想要成为第二个谁，外表和装扮通过包装与之相近，但一个人的气场如何能够模仿得来呢？

要形成专属于你的个人魅力，散发出与众不同的磁场，就要塑造自己的个性。怎样才叫作塑造自己的个性呢？在下面这个故事中，你可能会找到答案：

欧蕾太太从小就是个怕羞的人，她的体重过重，加之一张圆圆的脸，让她看上去显得更加肥胖。欧蕾太太的母亲是个守旧的人，她告诉欧蕾太太不必要打扮得那么体面，只要穿着宽松舒适就好。所以，欧蕾太太一直都穿着朴素的衣装，也很少参加聚会。上学之后，她也很少与同龄人一起相处。她怕羞到了极点，常常觉得自己不受人欢迎。

后来，欧蕾太太嫁给了一个比自己年长几岁的男人，但她依然很怕羞。婆家是个平稳而自信的家庭，但这一点并没有传染给欧蕾太太。欧蕾太太一直渴望像他们一样，但就是做不到。婆家人有时想要帮助她走出自闭，却适得其反。欧蕾太太变得很爱发怒，躲开所有的朋友。她认定自己是个失败者，但她却不想让丈夫知道。有时候，她希望表现得活跃些，却又过了头，事后感到无比沮丧，甚至想到了自杀……

但是，欧蕾太太没有自杀，她反倒真的像变了一个人。这一切，都源于她与婆婆一次偶然间的谈话。婆婆谈到她带孩子的经历时，对欧蕾太太说道："无论发生什么事，我就坚持让他们塑造个性。"

"塑造个性"就像一道阳光，照亮了欧蕾太太的心。她终于知道，自己不快乐是一直以来她在勉强自己充当一个不适应的角色。于是，她开始寻找自己的个性，观察自己的特征，注意自己的外表、风度，挑选适合自己的服饰，并试着参加一些小组活动。当小组第一次安排她表演节目的时候，她吓坏了。但是，她每次开口说话，都增加了一些勇气和信心。

慢慢地，欧蕾太太变了，她变得快乐多了，这是她做梦也想不到的。后来，她总是告诫自己的孩子，不管发生什么，都要塑造自己的个性。

欧蕾太太的转变，实际上就是内在的转变。人应当学会欣赏自己，找到自身存在感。欧蕾太太后来的一系列表现，就是在寻找自身的存在感。她体会自己的魅力点，穿着与自身风格相符的衣装，这一切都是强化"个性"的举动，当她完成了这一切的时候，她的个人魅力也就形成了。当你有了属于自己的独特魅力，吸引力自然也就有了。

每个来到这个世上的人，都会以独特的方式来与他人互动，并感动别人。记住，你就是你，没有人能够代替你，你也无法替代别人。塑造自己的个性，强化独特的魅力，走到哪里你都是主角！

不随大流才能出众

很多女人都在追求着自己的个性，然而，很多时候她们都错误地理解了个性的概念。她们以为紧跟最时尚的潮流就是最有个性的女人，不管在时装发布会上发布的是什么样的时装，她们都会尽力给自己弄来一身那样的行头，即使只是仿制品，她们也会欣喜地穿在身上。她们没有想到的是，当很多女人都像她们一样穿着潮流服饰的时候，她们就已经被潮流吞噬了，那些张扬个性的服装不但没有真正地体现出她们的个性，没有增强她们的魅力，反而把她们的品位掩盖住了。

想提升魅力，最重要的就是突出自己的个性。没有两个女人拥有完全一样的个性，也没有两个女人拥有完全一样的气质。

不因他人的评议而改变真实的自我，也不因他人的评议而停下奋斗的脚步，是一种坚持主见的个性。索菲娅·罗兰就是这样的一个女人，她始终知道自己是谁，知道自己要做什么，她的身上有一种不为外界压力而迷失自我的气场，这也是她最终取得成功的决定性因素。可以说，一个人想要获得成功，就必须要坚持自我，不能盲目地听从他人的意见，也不要固守在过去的经验和成见中。

适合大众的、别人认为好的，并不一定就是适合你的。因为你和大众中的每个女人都不一样，你是独一无二的，绝无仅有的，上天入地都不能找到一个和你一模一样的人。所以，没有一样东西是值得你费尽心力去照搬照抄的。这个世界上，谁也替代不了你，你就是自己人生的画师，生活是精彩绚烂还是灰色暗淡，完全在于你给它涂上什么颜色。不要指望他人告诉你该涂什么颜色，否则的话那就不是你的人生了。

一些女人，穷尽自己一生的精力，只为了自己能和心目中的某个女偶像有些微相像的地方，殊不知，那些之所以能够让她们当作毕生的偶像来顶礼膜拜的女人，她们代表的是一种独一无二的魅力，是一种无法超越的经典，是不可复制的。不管你的模仿秀是多么地惟妙惟肖，你都不可能成为偶像第二，即使你的举手投足都像极了偶像，停留在人们心中，在人们的视线中永垂不朽，称之为女王的依旧不是你。甚至在你模仿得不伦不类的时候，你就成了东施效颦的一个笑话了。

导致这种情况出现的原因，就是没有坚定的自我，没有下定决心。每个人都有自己的认识和看法，如果你不接受别人的意见，那么再多的舆论也奈何不了你。况且，如果坚定自己是对的，舆论早晚不攻自破。如何才能够做到坚持自我，提升自己的魅力呢？试着这样做：

学会自信。这是一种态度，也是内心的修为。当自己解决一件事情不缺乏优势的时候，先要自己制定出处理事情的原则，再去听取他人的意见。当别人说出想法的时，你也要说出自己的主张，这样你就会发现，其实你是有主见的。

多思考。主见，是一种属于自己的认识和见解，是思考的结果。如果没有思考的过程，就很难得出自己的观点，尤其是正确的观点。多思考、多总结，你慢慢地就会成为一个有主见的人，与此同时你的气场也会发生改变。坚定、自信，有了自己的做事原则和风格，你就必将是个优秀的女人。

你就是你，无须刻意改变

一个著名的哲学家曾经说过这样一句话："无论发生什么，我们的价值仍然存在，你的价值并不来源于你的出身还有你的作为，仅仅来源于你自身，你是珍贵而特殊的存在。"

世界上没有完全一样的叶子，也没有同样的人，每个女人都有着自己独特的美。美丽的女人并不就是指长得漂亮的女人，而是有自己的个性，有独特气质的女人。

每一个生命都以独特的姿态存在着，展示着自己独特的个性，拥有专属于自己的魅力。只要坚持做自己，我们才能让气场能量得到最大限度地发挥。

莎士比亚说："最伟大的美是，你是独一无二的。"如果有一个人这样赞赏你，高高兴兴地接受它，因为这是对一个女人最大的赞美。

每个女人的人生经历和价值观念都是不一样的，这些不一样的观念会影响每个女人表现出来的外在气质，而这种气质则会影响女人的个人魅力。

这是一个标新立异的时代，当你还在一味盲目地跟从潮流，而忽视了自己真正的美的时候，你就已经不是一个独特的个体了，你也很难彰显自己的魅力，进而提升自己。

那些取得成功的魅力女王，没有一个是靠效仿某个女人或者立志成为某个女人获得成功，她们无一不有着自己的个性，有着自己独特的个性，她们张扬着自己的个性，那是她们一生的光环，比名利财富更重要的东西。女人的一生都在追求着美丽，而在盲从中是永远不可能追求到的，只有认真地审视自己，从自己身上发掘出那种与众不同、惊心动魄的美，你才是真正美丽的女人。

作为女人，作为一个个体，从出生到现在，不管在什么样的情况下，你都是一个与众不同的存在，你都是独特且唯一的，因为世界上再也没有一个和你一样的人,你就代表了世界的一部分。我们每个人能有现在的样子是多么地不容易,是由多少的偶然和巧合组成,如果不是父亲和母亲的偶然相遇,就不会有你。你是如此珍贵,为什么还要费尽心思地变成另外一个人呢?

也许你没有明星的容貌,没有巨商的财富,但是你的努力和勤奋就是你独特的美,你的自强不息就是你永不褪色的光环。没有一个女人是没有气场的,只要你做一个独一无二的个性女人。

对着镜子说"我真的很好"

魅力发源于一个人的内心。当心中充满足够的自信以及有着强烈的自我肯定时,你的个人魅力就势不可当,所有周围和你接触的人都会感知,甚至被笼罩在这种强大的魅力当中。反之,如果你对自己失去信心,垂头丧气,精神不振,气场也会跟着收缩,微弱无力。

毕淑敏说,每一个人都应该有勇气这样说:"是的,我很重要。"我们的地位可能很卑微,我们的身份可能很渺小,但这丝毫不意味着我们不重要。重要并不是伟大的同义词,它是心灵对生命的允诺。

现在,为了帮助你遇到心想事成的自己,推荐一种"镜子练习"。这一练习实质上就是积极的自我暗示，因而可用作自信心理训练。

现在为自己准备一面镜子，镜子并不需要很大，但应该有相当的尺寸，使你至少能看到身体的上半部分。

站在镜子前，后跟靠拢，收腹，昂首，面带微笑，深呼吸两次，积极而坚定地望着镜子里面的自己，然后凝视眼睛深处。眼睛被认为是心灵的窗户，它们不仅泄露你内心的思想活动，而且比想象的更能直通你的内心世界。凝视它，直到感觉镜子里的自己也开始拥有了生命力和思想。

然后，对着你镜子里的那个自己坚定地、大声地讲："我很好，我很好，我真的，真的，真的很好！"说这些句子时，你一定要真情实意，全神贯注，没有一丝杂念，直到对自己的能力和决心有了一种感觉。

与此同时，别忘记了感受此时的心理状态，感受并观察你自己的面部表情、嘴角的纹路、眼睛的光亮、语言的气势，或者身体的姿势、动作（小腹、腰、头、胸、脊柱、肩部）等，这样你就可以将这些身体状态深深地刻在意识中。

这种感觉很奇怪，你会觉得自己全身充满了力量，精神格外充沛，从而最大限度地发挥出潜力。而且，这样的你能够轻松地"感染"身边的每一个人，而且屡试不爽。

对着镜子练习是非常有用的,也很重要,而且它被确认为是完全安全的。因为"镜子练习"始终面对的是自己,你可以使你将注意力都集中在自我暗示的内容上,这就避免了因面对家人、朋友或同事讥笑你,动摇你的信心,影响练习效果,特别是刚开始的时候。

另外,除了说"我真的很好"之外,你还可以选择一些积极的、肯定式的、富有激励性的语言,只要是能够调动你情绪的都可以。

我正在进行自信训练,我一定会越来越有自信的;
我是一个有用的人,我有极高的才能和天分;
我是自己生命的主人,我感到充实与快乐;
自信、勇敢、乐观,这是我人生的宗旨;
……

固定下来,天天对着镜子背诵这些话,每次说两三句,一个句子重复说三遍左右,坚持5~10分钟,早上起床后及晚上睡觉之前各一次,做到反复强化,直到它们变成你生活的一部分。记住,你做得越好,你的魅力指数就会越高。

第五篇

幸福的真谛

——人气是大气女人的魅力

生活是
为了微笑和快乐

轻松笃定地生活

　　魅力是一种特别的气势，它会让你心中有物而眼中无物，使你坦坦荡荡，充分展示能力与自信。你自信淡定，散发出来的气势就会随意自然，使人轻松；但若是你看世间熙熙攘攘，总有太多的不甘心，太多的不满足，太多的诱惑，心有滞碍，自然就难能发挥出全部的潜力，如此你表现出的必然是晦暗的、孱弱的。

　　一个女人心里若没有了太多苛责与过于强烈的欲求，不过多纠结于得失成败，也就能淡然笃定地掌控自己的生活。这也是一个人内心的一种成功，这种人无疑是强大而富有魅力的，辐射出的能量也更有震撼力。

　　少了一分焦虑，多了一分豁达；少了一分浮躁，多了一分魅力；少了一分迷茫，多了一分幸福。淡定的女人，拥有一颗强大的心灵，有了这种气度，再没有姿色的女人也会有耐人咀嚼的韵味，也有吸引人的魅力，以及抵达幸福彼岸的力量。

怎样才能保持一份波澜不惊的淡定呢？很简单，告诉自己即使事情不照自己的计划进行，地球也会照样转，生活也照样继续。这是必然会发生的，无论是成败与得失，都是珍贵的礼物，是组成生活的要素。

接受生活所赐予自己的一切，珍惜自己已经得到的，不嫉妒别人的成就，不躁进、不过度、不强求，内心不被悲哀占据，个人魅力也在这种无声的淡然一笑中散播开去，人格魅力无形中就会给别人留下深刻的印象。

当然，保持一份波澜不惊的淡定并非消极地等待，更不是听从命运的摆布。它是凡事不必刻意强求，是一种顺应天命、随遇而安的人生态度，自己该做的都做了，实在不行也没有办法，只要自己问心无愧就行。

"由来功名输勋烈，心底无私天地宽"，如果你想成为女王，就要学着摈弃贪心，学着"无为、无争、不贪、知足"，不过分在意得失，不过分看重成败，做到得之不喜，失之不忧，不惊不惧，不忧不恼。

排除外界的干扰，清楚自己最想要的是什么，如此，宁静平和的心境自然就有了，气场就稳定了，收放自如，纵情挥洒，如此你势必与众不同、万人难敌，生命也便具有了更高的意义。

淡定一点，看轻身外之物，掌握得与失、取与舍之间的平衡。

淡定一点，不苛求，也不虚荣，一切随缘。

淡定一点，既敢大胆去爱、去奋斗，也守得住寂寞的等待。

……

放松点，告别忧虑和不安

卡耐基说："没有什么比忧虑更能摧毁一个女人的了。"为了提升自己的价值，获得幸福的人生，许多女人在家庭和事业之间不停地奔走。但女人的精力非常有限，拥有升职、加薪等一系列好机会的同时，内心又往往会充满焦虑和不安，原本的气质并不能如愿得到彰显。

为什么会这样呢？因为一个女人会受自己的内心左右。外在的拥有的东西太多时，我们的思想变得复杂了，内心会充满焦虑和不安，以至于心灵不堪重负，那么气场就会变得不健康，还有可能是收缩的。打一个形象的比喻：人的心就像一桩新房子，刚搬进去的时候，我们每一个人都想着把喜欢的家具和装饰都摆在里面，结果到最后却发现这个家摆得像一个仓库一样，反而没有自己舒服待着的地方，内心被焦虑和不安所折磨。

如何重新焕发原有的魅力呢？我们先来看一个有趣的故事。

一个青年背着一个大包裹千里迢迢跑来找智者，他说："我是那样地执着、坚强，长期跋涉的辛苦和疲惫难不住我，各种考验也没有能吓到我。但是，为什么我总是找不到心中的阳光，感到焦虑、不安和痛苦？"

智者看了看他的包袱，问道："你的大包裹里装的是什么？"

青年回答："它对我可重要了。第一个箱子里面装的都是我必需的生活用品；第二个箱子装满我路上跌倒时的痛苦，受伤后的哭泣，孤寂时的烦恼；第三个箱子是我一路上搜集的金银珠宝……靠了这些，我才有勇气走到您这里来。"

智者听完安详地问道："每次过河之后，你是不是要扛着船赶路？"

年轻人很惊讶："扛船赶路？它那么沉，我扛得动吗？"

智者微微一笑，说："过河时，船是有用的，但过了河，就要放下船赶路呀。"

年轻人顿悟，他放下包袱，顿觉心里像扔掉一块石头一样轻松，他发觉自己的心情轻松而愉悦，步子也比以前快得多。

故事中这位年轻人因为不懂得如何放下外在的东西，背负的东西太多，导致了内心的郁积。又因为懂得了放下，给心灵留有一定的空间，最终消除了自己焦虑、不安和痛苦的情绪，瞬间便拥有了让人羡慕的威仪和吸引力。

有这样一个女人，她有选择、有目的地剔除一些多余而繁冗的事物，跳出了匆忙喧闹的生活圈子，告别了内心的焦虑和不安，进而使气场充分发挥作用，简单与惬意的生活会自主地向她走来。

作为一个作家、一个投资人和一个地产投资顾问，爱琳·詹姆丝除了顾及家庭之外，还在事业上承担着不少的工作。密密麻麻事宜的日程塞满了她生活的每一分钟，她的生活忙碌而紧张，时常经受着焦虑和不安的折磨。有一段时间，很多人都怀疑爱琳·詹姆丝是不是生病了，因为她看起来低沉、憔悴，似乎没有了女强人的气概。不止是别人，就连爱琳·詹姆丝都觉得自己身体里的力量越来越弱了。

一天，爱琳·詹姆丝做出了一个决定：摒弃一些东西。于是，她着手开始列出一个清单，她把需要从工作中删除的事情都排列出来，然后采取了一系列"大胆的"行动。她把堆积在桌子上的所有没用的杂志和信件全部清除掉，取消了一大部分不是必要的电话预约，她打电话给一些朋友取消了每周两次为了拓展人际关系的聚会。

做完这些事情后，爱琳·詹姆丝的生活不再那么忙碌了。她有了更多的时间陪家人，有了更多的思考时间，渐渐地她感觉自己的心态变轻松了，不再焦虑和不安。后来她的工作效率也得到了很大的提高，精神面貌和身体状况也好了很多，那个自信满满、飒爽英姿的女强人又回来了。

简单一点，告别内心的焦虑和不安，才能在喧嚣与躁动的外在环境中找到一片属于自己内心的宁静之所，很多事情才得以释怀，也就更容易感知这个世界的美。这是一种至纯至美的人生境界，这种女人的大气势必会震慑人心。

找个地方安静地坐着或躺着，让状态变得放松，花点时间思考，问问自己：我满意现在的生活吗？我要的是自己现在的样子吗？我为什么感到烦恼？生活上哪些东西是我不需要的，哪些事情是可以简化的？……

明确了答案之后，聪明的你一定要学会放弃，纵有千般不愿、万般不忍。让日子过得更单纯，让内心的焦虑和不安得以消除，你就能够真真实实地触摸到自己内在的大气，潜藏许久的魅力也就得以打开。

放开内心绷紧的弦

一个懂得生活的女人，她们知道在某些时候放慢自己的脚步，轻轻松松地享受生活。

一个有魅力的女人，绝对不是一个整天绷紧着神经、紧张兮兮的女人，而是能够放慢脚步、轻松生活的女人。一个总是把自己弄得很紧张的女人，不但不能处理好生活中的事物，还可能因为自己内心的那份紧张和不安让日子变得无趣和悲哀。

玛丽是一位专职太太，她需要照顾全家人的起居饮食。面对买菜、煮饭、洗衣、打扫房间、带孩子等家常琐事，她总是暗示自己：情况紧急，必须立即做完每一件事。她从早到晚忙得腰酸背疼，却总有做不完的事。

一个雨天,儿子洛克放学回家后,把雨伞和鞋子放在门后,坐到沙发上,打开了电视机。"哦,天啊,你看你做了什么,地板上好多水渍,我要赶快把它擦干净!"玛丽从厨房走出来,就要冲向门后。

"妈妈,请您休息一下吧,外面还在下雨,爸爸一会儿就回来了,那里还是会变得一塌糊涂的。待会儿再做那些事情不会影响什么的,现在您可以和我一起看看电视、聊聊天吗?"洛克说。

"天啊,还有那么多活要做呢,我哪有时间陪你?"玛丽无奈地耸耸肩,但看到洛克乞求的眼光,她还是坐了下来陪儿子看起了动画片。直到丈夫回家,大家又坐在一起吃饭、聊天,然后玛丽稍稍打扫了一下就去睡觉了。

躺在床上的玛丽感到从没有过的快乐,好像以前那些做不完的家务活都变轻松了,一切都变得不一样了。到底什么改变了呢?她也不知道,但是从此,洛克有了一个不再那么匆匆忙忙的妈妈。

到底什么改变了呢?我们在前面反复强调过,女人的魅力是由内而外散发的一种气质,当玛丽内心充满焦虑和烦躁的时候,她整个人都是紧绷的,释放出来的气息也充满了紧张和压迫感,她给人的感觉就是心浮气躁的。后来,她陪着洛克看看电视,放松了内心紧绷的弦,她的心情变得轻松了,整个人充满了正能量,给人的感觉也是积极的。在她的影响下,整个家庭的氛围也变得和气而温馨了。

不得不承认,太过于急于求成、心浮气躁的人,所散发出来的气息就是晦暗的、毫不自信的,且极度散乱,他们难以体验到自我价值所在和生活的乐趣，周围的人也无法感受到他们的吸引力。这样的人没有任何抵抗力和竞争力，可以说一触即溃。我们要学会放开内心绷紧的弦，无须去苦苦苛求自己，让自己清闲下来一段时间。这样，你就能够营造自己理想中的生活，展现自己理想中的自我，整个人就可以完全恢复正面积极的形象，大气的女人总能向外辐射强大的力量。

想使自己停下来吗？如何去做到呢？你可以这样去做：每天抽出一个小时，并努力让自己心平气和地坐下来，舒缓情绪、放松神经，不刻意去思考什么内容，尽量使自己的思维维持在一种似有似无、天马行空的感觉里，或者集中精力听一种声音，比如钟的嘀嗒声。

记住，你必须要将"还有那么多事情等着我去干"、"这样分明就是在浪费时间"等念头从大脑中赶走，如此你就可以随意控制自己的心理活动，打开那扇魅力的大门，进而体会到这一小时的时间是如此惬意。只要重新找回自己，你就可以很从容地去处理各种事情，不再有逼迫感或挫折感。

当然，你可以逐渐地延长空闲的时间，每天两个小时、三个小时等。一旦养成了习惯，你自然而然会散发出一种大气，让你从那种时刻都紧张的情绪中解脱出来，使头脑得到彻底地净化，将五彩缤纷的人生果实吸引到你的身边！

会爱自己，你的生活才会更精彩

为什么有的女人总是脚步匆匆，为家庭和工作，年复一年，日复一日，像个永不停歇不知疲倦的陀锣，没有停下来的一刻，像牛一样辛勤耕作，付出青春年华，到头来却面色欠佳，疲惫不堪，甚至失去了家庭和丈夫呢？

答案是：女人在慷慨大度地向人间倾泻爱的时候，她们太不爱一个人了——那就是她们自己。

的确，在现实生活中我们经常看到这样的女人：她们一生都是为了家人或者为了别人而活着，从不为自己活着。这样的生活就如同逐渐加温的炉水，而女人犹如青蛙身置其中而不知危险，生活必然不会精彩。

有这样一个女人，她非常爱自己的丈夫和孩子，除了忙工作的事情之外，大多数的时间是尽心尽力地照顾家庭，日复一日地做饭、洗衣服等。女人用沾满肥皂的手抹抹头上的汗水说："等孩子长大了，我就不用这么忙了；不要紧，等孩子上学就好了，我可以好好地享受享受生活了。"

女人忙得不可开交，忙得昏天黑地，忘了日月星辰……孩子终于开始读书了，女人却陷入了更大的忙碌中，要把自己的孩子培养成一个优秀的人。她陀螺似的转动在单位、家、学校、自由市场和各种各样的儿童补习班里……不知不觉中，皱纹已爬上女人疲倦的脸庞。女人吃力地伸展酸痛的筋骨，问自己："我什么时候才能无牵无挂地享受一下呢？""哦，坚持住，就会好的。等到孩子大了，上了大学，或者有了工作，一切都会好的。到那个时候，我可以好好地享受一下了。"

孩子大了，有了稳定的工作，还结婚生子了，女人又开始照顾起孙子……女人就这样老了，她想有时间好好享受一下生活，可惜她美丽的容颜已经消逝，再如何弥补也无济于事；她的牙齿已经松动，无法嚼碎美食；她的眼睛已经昏花，再也分辨不清美丽的颜色；她的双腿已经老迈，再也登不上高耸的山峰……时间抽走了女人的美貌和力量，她再也不需要任何享受了。

你有没有这样的习惯：

好吃的点心留给孩子，自己舍不得吃一点；名牌的睡衣送给先生，自己则舍不得穿件好衣服；最好的化妆品送给朋友……总之，唯有对自己格外吝啬，不舍得吃也不舍得穿，更不必说其他的享受。

诚然，你这种"先人后己"是一种爱，但内心有多委屈只有你自己知道，恐怕你一辈子都活得很不痛快。

事实上，女人只有做到爱自己，和其他人的关系才能真正是一种爱的关系，而不是建立在需要、依靠、恐惧或不安全的感觉上。当我们作为一个完整的人和另一个人建立一种关系，这种关系才能牢靠。

这里有一个例子，我们不妨来看看。

菲琳是一位专职太太，她需要照顾全家人的起居饮食，总有做不完的事，心情抑郁无比，直到有一次——

一个星期天，菲琳起床后发现外面正在下雨，她像往常一样准备起来做饭。"亲爱的，请休息一下吧，外面还在下雨，我们不用上班，儿子也不用上学，待会儿再做那些事情不会影响什么的，现在你可以陪我好好躺会铆吗？"丈夫说道。

"天啊，还有那么多活要做呢，我哪有时间陪你？"菲琳无奈地耸耸肩，但看到丈夫乞求的眼光，她还是陪他了。他们放着轻快的音乐，悠闲地聊着天，躺在床上的菲琳感到从没有过的快乐，一天的生活变得愉快起来。

看见了吧！女人爱自己是一种责任，就像爱你的家人和朋友一样。当我们能用这样的态度爱自己时，就能真正了解爱的意义，而且有能力去爱其他人，别人就容易看到你的魅力、会称赞你，而你也会活得越发光彩，永远保持对生活的热情，保证自己的家庭和事业都朝着良性而又健康的方向发展，这是一个良性循环。

因此，女人啊，在世事的牵累、终日的忙碌中，你不妨偷出空闲修饰自己、滋养自己，用一种热爱生活的心境去愉悦自己，该自我时就自我，好好地照顾自己，悉心经营自己的美丽，懂得呵护自己！

相信用不了多久，你会发现自己不仅变得优雅而成熟，活得滋润和潇洒，拥有更有喜悦感的生活和人生，而且你身上那种魅力想不让人喜欢亲近只怕都难，无疑你将获得更多人的欣赏。

当然，我们所说的享受，不是一掷千金的挥霍，不是灯红酒绿的奢侈，不是周游列国的潇洒，不是珠光宝气的华贵，不是绫罗绸缎的柔美，不是颐指气使的骄横……而是从生活的细节入手，比如不要一味地做丈夫和孩子爱吃的饭菜，再忙也记得下厨为自己煲一锅靓汤；不要把金钱和精力都用在家人身上，要为自己买一件心爱的礼物……

人生只有一次，不要一拖再拖，不要一等再等。就从现在开始，就从今天开始。

亲爱的女人们，无论你是花容月貌还是姿色平平，都请认真地爱自己、享受生活吧。希望有一天，你可以用很响亮的声音对自己也对别人说："我爱我自己，我爱这生活，生活因我而精彩！"

来吧,洗涤浑浊的心灵

幸福受内心的左右,如果你的心灵是纯净的,那你就会散发出大气、干净而明亮的气息,周身都会有耀眼的光芒环绕着你,保护着你。有护身符加身,你还怕幸福不来敲门吗?反过来说,如果你的心灵是浑浊的,那么你就失去了该有的大气,存在感都会减弱,你也就失去了能够掌控自己的能力,更不要妄想掌控幸福了。

当欲望、抱怨、私心、忌妒等充斥心灵时这些都是破坏自己气场的污点,都会遮住气场原本的光芒。

不过,这并不要紧,我们完全可以消灭这些心灵的"恶魔",让我们的心灵更有力量,获得一个强大、有活力又有弹性的气场。怎么做呢?清刷心灵!这就和身体脏了洗洗澡、衣服脏了洗洗就干净是一样的道理。

既然要洗涤心灵,那么首先要找到心灵有哪些污点。这是一次检阅自己的机会,是一次重新认识自己的机会,更是一次提升自己的机会。有一句话叫"看清别人容易,看清自己困难",所以这个过程是复杂而痛苦的。

不过,唯有这样,自己心灵的症结和缺陷才能明白显露,清刷练习才能有的放矢，心灵上的污点才得以驱除。当内心变得纯净的时候，我们的心灵会更有力量，我们的心灵自然会远离浮躁、灰暗、微弱和平庸。

那么，我们应该如何进行洗涤心灵练习呢？以下三点可作借鉴。

检视自己心灵的特点

拿出一个小本子，仔细、全面而诚实地检视自己心灵的特点，不论这些特点是积极的还是消极的，并据此列一个清单。在自己每个消极特点前面画一个减号；在每个积极特点前画一个加号。每天都浏览一下这个清单，告诉自己："我要××，不要××。"

释放心中的负面念头

另一种清除魅力污点的方式是写下你心中浮现的负面念头，带着释放它们的意念去做。如果可以就烧掉这张纸，燃烧转变沉重的能量；如果你不能烧掉这张纸，把它丢到马桶里冲下去，或者干脆在地上埋掉它。

对自己的言行做出规定

通过对自我的回顾和反思，针对自己心灵的缺陷制定出改正和所要努力的方向，选择一些警句名言，对自己的言行做出规定，"冲动是魔鬼"、"人生最大的敌人是自己"等，时时对照和提醒、检查和校准自己，不断进取。

记住，进行练习的时候，最好找个地方安静地坐着，让心灵变得平静，让状态变得放松。如此，你将能够更加真实地触摸到内心深处的想法，更加清清楚楚地找到心灵污点的所在，如此心灵就能够被清刷得更干净、更彻底。

一个能够时时进行洗涤心灵练习的女人，肯定能够保持身心的清净，让心灵如水晶球一样纯净透明。如此她的心灵就像可大可小的柔韧的容器，将自身能量收放自如，彰显大气优雅，成就自己成为一个魅力女王。

用声音提升魅力指数

沟通,离不开语言;语言,离不开声音。魅力的能量不止依靠我们的身体,有时"声音"也是展现女人魅力的一个平台。当我们的声音传播出去的时候,事实上我们的魅力也同时投射到了对方或周围人的潜意识中,被对方或周围的人感知。

奥黛丽·赫本主演的电影《窈窕淑女》,说的是一个卖花的乡村女孩被培养成贵妇人的故事。既然要成为贵妇人,自然要接受很多严格的训练,无论是化妆、衣着还是仪态,都要变得无可挑剔,有贵族的气质。然而,这个卖花姑娘最先接受的训练却是声音的练习。为了改掉地方俗语和口音,奥黛丽·赫本跟着留声机一遍又一遍地练习语音和语调,直至她吐词标准、声音迷人,之后才是着装、姿态、社交礼貌训练。

想要成为魅力女王，培养好的气质，首先就要进行声音的练习，然后才是着装、姿态、社交礼貌训练。这个故事虽然很短，但却告诉我们一个真理：声音常常比形象、思想更重要，更能释放出个人的魅力。

的确，如果女人声音难听，尽管很有头脑，也难令人感受到美丽或心生好感；而一个声音响亮好听的女人，人们总是很容易感受到她的魅力，情不自禁地被她吸引。

心理学家经过研究得出这样的结论，一个人的声音决定了38%的第一印象，声音是在第一时间递给别人的一张听觉名片。当人们看不到说话人的长相和表情时，这个人声音的音质、音调、语速的变化和表达能力决定了这个人说话可信度的85%。

还记得王熙凤吗？她出场时，未见其人，先闻其声："我来迟了，不曾迎接远客！"说话的声音响亮，又透着一股子泼辣，内在的气质同时也随着声音喷薄欲出，与众不同，难怪林黛玉会忍不住好奇这个女人是何等人物。

由此可见，声音对女人来说是多么重要，在女人的生活中占有多么重要的分量。女性拥有了仪态美的同时，如果声音也很美，那就等于给自己的形象镀了金，魅力指数会暴涨，个性特质将得到淋漓尽致的发挥。

在中国流行乐坛的道路上，有一个名字始终无法绕过——邓丽君。邓丽君是20世纪80年代在全球华人社会具有相当大影响力的一位歌手。

平心而论，论美貌邓丽君不能说是风华绝代，但是她温文尔雅、亲切可人，声音甜美圆润、温婉动人，她与生俱来的完美音色演绎出无数传唱至今、余韵绕梁的歌曲，如涓涓细流般缓缓地涤荡着心扉，聆听她天籁般的歌声是种美妙的享受。

至今，邓丽君已经故去多年，但是她那特有的娴熟甜美的声音、典雅甜美的外形、温柔细腻的内心，依然令人回味，也深深影响了几代人的成长。邓丽君，前无古人，后无来者，永远的绝唱，永恒的女王！

邓丽君的歌曲可以用"余音绕梁，三日不绝"来形容。只有柔美性感或者甜美可人的声音，才能演绎出如此精妙的唱法。如果是一个五音不全或者是声音平平的女人来唱的话，无论如何也不会达到这样的效果。

魅力女王，需要的不仅仅是美丽的面容、妖娆的身段，更重要的是有柔美的声音。

柔美的声音是天然的乐器，是一张精美的名片。通过女人的声音，我们可以细细去品味这个女人的性格、精神境界等。细细地咀嚼女人的声音，我们就能初步地做出判断，这个女人是年轻热情、富有表达能力，还是温柔体贴、善解人意。

声音的感染力是十分强大的,如果你是一个声音柔美的女人,那么就多利用你的声音说一些甜言蜜语吧!因为这样的声音提升你的形象,强化你的个人魅力,也会让你和身边的人更靠近,人际关系更加和谐。

如果你是一个女领导,不妨也用你柔美的声音批评下属。柔美的声音往往具有亲和力,下属也不会觉得有多尴尬。因为你的声音,恰恰显示了你柔和的内心,展示了你大气而温和的一面,能让人产生信任感,则让人乐于倾听。

如今,生活正在向多元化空间挺进,利用声音在电话中处理公务、和朋友谈心,甚至与分居两地的爱人在电话中交流情感都已是很现实的事。声音会在很大程度上成为这种沟通的介子,也日益成为女人传递气场的主要途径之一。

因此,提高自己声音的魅力,将成为一条增强整体魅力的捷径。即使你天生的声音并不是很柔美,也不必烦恼。因为声音是可以通过后天的训练来进行有效的改进,只要你用心地去训练,你就能够拥有世界上最好听的声音。

如何做到呢?你需要掌握优美语音的标准:

咬字要清晰:发音标准,字正腔圆,没有乡音或杂音;

音量要恰当：说话音量既不能太响，也不能太轻，以对方的感知度为准；

音质要圆润：甜美可亲，富有吸引力，让人喜欢听；

语调要柔和：说话时语气语调要柔和，恰当把握轻重缓急、抑扬顿挫；

用语要规范：准确使用服务规范用语，如"请"、"谢谢"、"对不起"等；

感情要亲切：态度亲切，多从对方的角度考虑问题，能引起共鸣；

语速要适中：气息流畅，语速适中，停顿恰当，让对方听清楚你想表达的意思。

保持平和的心态，你的声音才会发挥最柔美、最舒服的音效。如果不清楚怎么发音，建议自己念一段书，用录音笔或手机录下来自己听一听，慢慢摸索着改进。记住，一定要持之以恒！气场能量才得以源源不断，最终你才会成为理想当中的魅力女王……

主动和人沟通

如果一个女人在潜意识中不愿主动走出去和人交往，总是在逃避或拒绝别人，那么气质中就有一丝黯淡，而吸引力只存在于对自己最亲密的人，对她们来说，魅力等同于零。

不必怀疑自己的能力和勇气，"嗨，你好！"主动地向别人介绍自己，自己曝光自己吧！满怀信心去做这件事！只有态度积极的人，才能挖掘出自己的独特魅力。当你魅力发散之后，你会发现围绕在自己身边的那种怪异的黑色散掉了，蒸发了。你也可以做到！

一个女人善于主动和人沟通，认识的人越多，她在人群中的地位就越重要。无疑，这时她所展现出来的个人魅力是卓越超群的，一定能够艳压群芳，如此就能获得更多人的喜欢，吸引各种不同的力量与机遇，成就自己！

因此，若想将自己打造成魅力女王，成为优雅的人，就要学着主动与人沟通。只要你拥有足够的勇气迈出第一步，只是刹那间，你坦然的气度和自信的神态马上就出来了，无与伦比的辐射力就会征服众人。

"嗨，你好！"主动走近别人，这只需要短短几秒钟的时间，却可以在最短的时间内展现出一种足够慑人的大气，一种不容忽视的魅力，让更多的人喜欢和自己在一起。朋友越多，就越能使自己得到温暖、勇气，增加自己的智能和力量。

在这里需要指出的是，主动与人沟通并不是指"出风头"。喜欢"出风头"的人往往没有什么真正的能力，只会用一些花哨的东西来骗取他人的赏识，往往会被别人拆穿，甚至有时会不攻自破，自取其辱。而主动与人沟通则是敢于表现自己，充分地展现自己。

记住，这个世界没有与生俱来天生的魅力女王，也没有生来就魅力四射的人。你要做的不是继续默默无闻下去，而是主动出击，用自己的大气去感染别人！这并不是什么神话或者一个虚无缥缈的梦想，只要你愿意做出积极的改变。

倾听，是一种善解人意的气场

上帝仅仅赋予了我们每个人一张嘴，却同时给予了我们两只耳朵，这是在委婉地告诉我们：永远不要忘记倾听。能否认真地倾听别人的倾诉，往往决定着你魅力的强弱、你对他人的吸引力和凝聚力是否足够强大。

一个乐于倾听、学会倾听、善于倾听的女人，总是能够轻松地发现别人的内心到底在想什么，让自己变得更聪慧、更理智，充分彰显人格的魅力和力量，而大气的女人往往能够将更多的人吸引到身边。

凯丽是菲利普见过的最受欢迎的女人之一，她走到哪里都很受欢迎，经常有朋友请她参加聚会，共进午餐。

一天，菲利普受一个朋友之邀参加一次小型社交活动。他发现凯丽正和一个漂亮女孩坐在一个角落里。奇怪的是，菲利普发现那位女孩一直在说，而凯丽好像一句话也没说，只是有时笑一笑，点一点头，仅此而已。

活动结束后，菲利普和凯丽结伴而行。菲利普禁不住问道："刚刚，我看见你和活动中那个最傲慢的女孩在一起，她是谁呢？你们以前认识吗？"

凯丽摇摇头说："今天是我第一次见她，是别人介绍我们认识的。"

"是吗？她好像完全被你吸引住了，你是怎么做到的？"菲利普问道。

凯丽笑了笑，语气中掩饰不住喜悦："很简单，我问她喜欢看哪个作家写的书。当她回答之后，我鼓励她给我讲讲自己看过的作品，接下去的两个小时她一直在谈这方面的事情。最后，那女孩要了我的电话，还说我是最风趣、最健谈，具有优美谈吐的人，希望和我交个朋友。"

顿了顿，凯丽有些不好意思地挠挠头，继续说道："我以前对那个作家一点也不了解，从头至尾我没说几句话，只是做到了注意静听，而且这是因为我对此真正发生了兴趣。她也觉察到了这一点，那自然使她觉得欣喜。"

看，这就是倾听别人说话的效果。每一个人都有倾诉的愿望，专心地听别人讲话是对他人关注、重视的表现，是我们对任何人的一种最好的恭维和尊敬。它能让你更快地交到朋友，赢得别人的喜欢。不管说话者是上司、下属、亲人或者朋友，或者是其他人，倾听的功效都是同样的。凯丽正是因为善于静听而变得富有吸引力，让一个傲慢女孩对她也有了好感。

正如人们所说的："如果你要想使别人对你感兴趣，那么首先就要对别人感兴趣。"人们总是更关注自己的问题和兴趣，同样，如果有人愿意听你谈论自己，你也会马上有一种被关注、被重视的感觉，更清楚地感受到对方身上所散发出来的独特魅力。

善于倾听，不光是对外交际的高贵艺术，更是对内持家的难得法宝。真正的倾听，意味着把注意力放在他人身上。美国领导学专家史蒂芬·柯维博士说过："当我在倾听你时，我的脑海中只有你，让你感觉到自己被了解、被需要、被重视、被欣赏、被接纳，也就是让你感觉到被爱。"

有一位全职太太，跟丈夫结婚十年了，有两个孩子。在物质上她是很富裕，可是她却感觉婚姻太没有意思了。她告诉心理咨询师，孩子住校了，家里只剩下她和先生，最痛苦的是没有人和自己说话。

她的先生是一家企业的老总，每天八点来钟出门，晚上九点才回来。以前先生一回到家，她就开始一个人喋喋不休地说，如今天看的电视剧、新学会的发型以及漂亮的衣服，根本不给先生说话的机会。等先生真的不再说什么时，她一个人再说话也就没有意思了。后来，两人干脆你看你的杂志，我玩我的游戏，就像陌生人一样，各干各的，互不干扰。

"为什么不主动听听您先生的想法呢？"心理咨询师建议道。晚上等先生回到家后，太太主动迎上去问："今天工作累不累？有没有遇到什么问题？"丈夫愣了一下，然后兴致勃勃地跟她聊起了天。那是一个很愉快的夜晚！

我们每个人都需要呼吸，无论是身体还是心灵。当你倾听一个人谈话的时候，分享他内心情感的时候，你就给彼此的心灵都注入新鲜的氧气。乐于倾听、学会倾听、善于倾听，可以帮助你发现别人的内心到底在想什么，可以让你变得更聪慧、更理智，吸取别人的思想精华，对自己也是一种改造，并且会产生脱胎换骨的变化，活力四射，光彩照人。

幽默的女人才是焦点

幽默作为一种表达方式，深得人们的喜欢。特别是现今社会，几乎人人都喜欢幽默，向往幽默，追求幽默。其实，幽默在我们的日常生活中是很别致的；幽默往往是有知识、有修养的表现，是一种高雅的风度。我们可以观察一下，那些知识渊博、辩才杰出、思维敏捷的女性，大多都是具有幽默基因的人。因为她们非常注意有趣的事物，懂得开玩笑的场合，善于因人、因事不同而开不同的玩笑，给人们创造了轻松、和谐，摆脱了尴尬与困境。

或许有人认为，幽默实际上作为一种人生态度是可有可无的，远没有到不可或缺的程度。但是，要知道，有了幽默，我们原本平实的生活会增色不少。

不仅如此，幽默作为一种女性难得的气质，更容易引起男性的青睐。幽默风趣比漂亮的容貌更容易让异性动心，因为没有人会拒绝轻松快乐。幽默可以体现在生活的方方面面，善于理解幽默的女人，容易看透别人，进而理解别人；善于表达幽默的女人，容易被他人喜欢。

其实，不仅仅是生活中，在社会交往中，幽默的女人也往往更具吸引力。因为幽默是一种真正的生活智慧，是在经历了社会的各种历练，尝尽酸甜苦辣后，仍然保持的一种积极、乐观的人生态度。

幽默在很大程度上还是一种智慧的体现。善于运用幽默的方式与人打交道的女性，无疑是具有超强智慧的。她们对待生活始终保持着一份自信、乐观的态度，在轻松的言语中散发自己独特的魅力；同时，幽默的女人也是豁达的，她们不会因为一点困难就退缩，总是那么积极向上、乐观开朗。

不能不说，一个善于在谈话中时时流露出幽默感的女人拥有一种处世的大气，也是可爱的，她诙谐的谈吐、可爱的表情，会使每一个和她交谈的人都快乐，更会给人留下极为深刻的印象。这样的女人必然会在众人之中脱颖而出，成为人们经常提起的热门人物。开朗大方的你，很健谈，如果还缺少幽默的艺术的话，不妨在你的谈话中加一些幽默的调料，给你的谈话内容加些精彩的片段。性格内向的你虽不健谈，可是一出口便是连篇幽默的句子，想不叫别人刮目相看恐怕都难喽！

既然幽默如此重要，如此"迷人"，那么我们又该怎么样来培养自己的幽默感呢？

简单来说，一个女性要想培养幽默感，需要以一定的文化知识、思想修养为基础。所以，要想具有幽默感，具备广博的学识是必不可少的。此外，我们还可以通过学习那些诙谐、风趣的人开玩笑的方式、方法，渐渐学会这样的表达方式，直至养成这样的习惯。至于那些性格比较内向、做事过于认真呆板的女性，要学会欣赏别人的幽默，在社交过程中尽量让自己轻松、洒脱、活泼，想办法将话说得机智、委婉、逗笑。当然，刚开始尝试的时候或许会感到不大自如，但只要我们能够坦率、豁达地在交往中不断实践，我们的幽默感便会变得自如，往往会油然而生，使交往更加情趣盎然。

还需要提醒的一点是，在运用幽默时，记得一定要表情自然轻松，只有这样，你才能将幽默的轻松气息"感染"到身边每个人。

总之，幽默的人生，是充满着无限乐趣的。所以，我们要学会和善于运动幽默，这将会令我们的社交生活更加丰富、生动和快乐。

做最懂爱情的女王

找个魅力相投的爱人

男女双方相互接触的时候，就仿佛有不同的"场"在层层叠叠地相互交缠着。不过也无外乎这样几种情况：第一，互相抵触；第二，互相吸引；第三，A觉得B不错，而B却不喜欢A。简单来说，这也就是两个人之间的魅力属于吸引力还是排斥力。

每一个爱着的人都会释放出一种爱的"气场"，而气场只会与气味相投的"气场"碰撞、结合、交融……当你的气场与某个人的气场频率相近时，你会本能地被他吸引，并且很容易"合得来"，而气场的相合实际上也就是两个人魅力的相合。

回想一下，你是不是第一眼看见某个人的时候就有一种亲切感，甚至，你能体会到他内心的真实感受？这种反应，代表着你们拥有相似的气质，你们在身体、心智或者精神层面上有着相近的频率。爱情中的魅力表现在两个人拥有类似的脾气、性格、爱好等多个方面。若两个人的气质魅力完全不同，那所谓的气场也就没有了契合点，两个人没办法产生共鸣，就会陷入相搏状态，将找不到任何相似的东西，仿佛是来自两个世界那样格格不入，那样互不关联。

薛宝钗貌美动人、知书达理，贾宝玉却偏偏最喜欢林黛玉。为什么呢？很大程度上，这是因为宝钗重视功名利禄，经常劝说宝玉读书考试、光宗耀祖，而黛玉和宝玉一样是爱情至上和纯净主义，他们趣味相投，这种相似的魅力使他们互相吸引。

你若想成为爱情场上的魅力女王，就要寻找一个与自己气质相近的男人。爱情有了契合点，就仿佛两个人都沐浴了同样的圣洁光辉，这种力量仿佛香氛，弥漫在你们的周围，让你们沐浴着爱的气息，也是你们超然于人群的标志和标签。

爱情中最完美的个人魅力就是互相吸引。当你与某一个男人接触的时候，如果你会本能地被他吸引，并且很容易"合得来"，这就证明他与你的气质和频率相近，你们的爱情来敲门了。

一句话，恋爱就是两个人要拥有相同的频率，也就是魅力的契合点。这种品质是爱情需要的，男女双方有相近的气质，爱情才能进趋完美。同时，这也是生活所需要的，是向上的生活动力，推动着你们往前、往前、再往前……

魅力源自至纯至真的爱

很多时候，女人可能只记得自己是大男人身边的小女人，希望自己是被爱者，而且从男人身上得到的爱多多益善，便跟他不停地要这要那。但是，如果你希望在爱情场上做魅力女王，一定要适可而止，并学会给予爱。

要知道，爱情当中的魅力来自心灵深处的爱。爱，是一种发自于内心的真、善、美的情感，是至高至纯至美的美感和情感体验。一个人有没有魅力，并不是被多少人爱过，而是我们有多爱别人；一个人的魅力有多大，取决于他爱的程度。

当一个女人爱着一个人的时候，她的血液是火热和奔腾的，内心的大气优雅也就会被激发出来，那种来自母性的温情会情不自禁地流露出来，释放出一个爱的最大魅力，周身给人一种温暖、希望的感觉。

别只想从别人那里索取爱，而要学着对别人拿出自己的爱，如何给别人多一点的爱，为爱情多付出一点。爱情就像架天平，放得多得到的才多。学着给予爱，你的爱越醇厚，就越有魅力。

有一位女孩跪在花园里，非常虔诚地向佛祖祷告，希望能够得到佛祖的垂怜，恳求佛祖能够帮她一把。佛祖被她的虔诚所感动，出现在她的面前，问道："孩子，你遇到什么麻烦的事情了？"

女孩回答道："有一个男孩在追求我，每天早晨，他都会把一束玫瑰花放在我的门口；到了晚上，他也会来到我的窗前，为我唱歌。可是最近一个多月，他都没有给我送过花，也没有为我唱过歌了。"

佛祖问女孩："那你对他付出过什么吗？你有表白过你的真心吗？"见女孩摇了摇头，佛祖又问："那之前他对你好，你觉得幸福吗？"女孩回答："我也不知道，只是他现在不来了，我总是觉得一点也不开心，生活没意思。"

佛祖摇了摇头，对女孩说："这就是你为什么不快乐的原因，你只知道从别人的身上得到爱，却不曾付出过爱。要知道，只有先去爱别人，先付出爱你才能得到爱，这样的生活才是幸福的。"

人们常说恋爱中的女人最美丽，这是有一定道理的。试想，温情时分，女人倚在男人臂弯，在男人耳边温柔软语；男人生病的时候，女人无微不至地照顾男人，给男人端汤喂药，又担忧病情如何，脸上现出焦虑的表情……这些都是爱的表现，无不折射出美丽的光芒，甜蜜而温情。而当一个男人受到这样一种母性关怀、呵护的时候，相信他会觉得无比幸福和欣慰，心甘情愿地将爱情主动权让之于你。

一个心中有爱的女人是坚韧的。爱可以让一个弱女子毫无畏惧地面对人生的风雨，坦然自若地接受人生的各种挑战。因为爱，她怜惜他，牵挂他，和他风雨并肩，不离不弃。可以想象，这样一个女人的力量是何等地巨大，魅力将是何等恢宏大气。

在我们的人生旅程中，总会有一个人值得你关心、牵挂、喜欢和欣赏，拿出你的爱，学着爱他吧。相信，你的内心会因为有爱而不会荒芜，温情而迷人的大气会情不自禁地流露出来，充盈着浸透人心的"魅惑力量"。

不要让你的爱情跪着

魅力的碰撞是随处可见的，在任何一个稳定的环境中，最后只能有一种强大的魅力来支配一个环境，确定到底谁占主导地位。女人只有独立自主，证明自己的能力和魅力，才可以建立一个强大的磁场，来进行一场势均力敌的博弈。

遗憾的是，在我们实际生活中，不少女人被男强女弱、男刚女柔的观念所束缚，往往习惯把爱情当成生活的全部，把一个男人当作自己的整个世界，无条件地依赖男人，一副小鸟依人的模样。

结果怎样呢?！一味地依附于男人，能力得不到施展，魅力无法展示，陷入一种"男人给你幸福，你就幸福了；男人不给你幸福，你就不幸福"的被动状态，你的魅力就会慢慢消散，甚至消失殆尽，你也失去了获得幸福的机会。

看看 Emma 的日子你就知道了。

当年 Emma 年轻漂亮，又多才多艺，吸引了很多异性的倾慕眼光，她最终嫁给了一位在某超市担任部门经理的男人。婚后，Emma 把全部的希望都寄托在丈夫身上，自己养尊处优地在家里做全职太太，但神仙眷侣般的生活没过几年，丈夫就提出了离婚。

拿着丈夫的离婚协议书，Emma 悲痛欲绝，眼泪不止："当初他费尽心机地追求我，我看他为人踏实，又很有才能，就答应嫁给他了。万万没有想到，他现在竟然要和我离婚……"

Emma 的遭遇实在令人同情，但她的丈夫似乎也满腹委屈："当初 Emma 不仅长得漂亮，多才多艺，而且特别独立，这正是吸引我的地方。可结婚以后，她似乎把自己的一切都托付在了我身上，我说什么她就应什么，没有自己的追求了……"

看到了吧，一个长期依附于男性的女子，也许会楚楚动人，也许会娇弱可爱，但是始终不及独立的女性显得洒脱和优雅。

女人若想具有一定的地位，就必须要独立自主，证明自己的能力和魅力，引起男人的重视，从而建立起一个强大的磁场，有力量与男人进行"博弈"。

"我如果爱你，绝不像攀援的凌霄花，借你的高枝炫耀自己……我必须是你近旁的一株木棉，作为树的形象和你站在一起。根，紧握在地下；叶，相触在云里……我们分担寒潮、风雷、霹雳；我们共享雾霭、流岚、虹霓。仿佛永远分离，却又终身相依，这才是伟大的爱情。"

这首美丽的诗，是舒婷的《致橡树》，它传递给女人的爱情观就是要独立自主地去爱，不要依赖。多么有气场的爱情宣言！独立的女性无一例外地拥有一种大气。学会独立自主，与男人站在同一个水平线上，你也就具有了充满魅力、震慑人心的力量。

那些爱情场上的魅力女王深深地知道这个道理，所以，无论旁边有一个多么值得依靠的人，她们都坚持自己独立的人格，她们强大的魅力会让男人清楚地知道，她们不止是男人的爱人，她们更是自己。

在生活中有一份属于自己的事业，依靠自己辛勤地工作赚钱养活自己，还有一份离开男人之后的生存能力，是非常难得的。无疑，这种女人充满了巨大的个人魅力，更容易获得幸福的青睐。

是的，真正的爱情应该是彼此尊重、彼此独立和自由的。你们不是因为相互需要，而是因为相互欣赏、相互支持才站在一起的。你们不是为了禁锢对方，而是为了帮助对方在独立和自由中得到更有生命力的成长。超越攀附地位，坚持独立自主的女性难能可贵，魅力自然也是非凡出众的。

所以，你若想在爱情场上获得主动权，要想将自己打造成爱情当中的魅力女王，永远都不要泯灭自己的独立性，努力与男人站在同一个水平线上。当你能够拥有属于自己的一片天空，你还害怕这片天空下没有白云吗?!

别让自己卑微到尘埃里

在爱情场上，每一个女人都应该做心理上的"女王"，而不是"灰姑娘"。如果给自己挂上"灰姑娘"的卑微光环，你就是消极的，也会招来男人消极的行为，冷淡你，甚至粗鲁地对待你。

张爱玲曾说过："女人在爱情中生出卑微之心，一直低，低到尘土里，然后，从尘土里开出花来。"女人在遇到所爱的人时，往往习惯性地小心翼翼呵护并陶醉于这一份爱，一次次地放低自己。

由此可见，当你像飞蛾扑火般坚决，全情投入，不断牺牲自我，爱得越来越卑微时，你的魅力可能在男人眼中就大打了折扣，光亮很小，爱情的天秤就会严重倾斜，你就失去了爱情场上的最佳位置，很容易会失去男人的青睐和尊重，也不利于维持长久的情爱关系。

是什么影响了对方？是什么让对方接受我们的思想？是意志力吗？是思想背后的意志力在影响对方吗？除了这个解释，没有什么能说得通。男女交往过程中，决定胜负的只能是你的气势，爱情是一场个人魅力的较量。

真正的爱情是需要尊严与平等的，在爱情的平等宣言中，简·爱语出惊人："虽然我贫穷，虽然我不漂亮，但我的心灵跟你一样丰富，我的心胸跟你一样充实！当我们的灵魂穿过坟墓，站在上帝面前时，我们是平等的。"

这种不卑不亢的态度，展现了何等强大的魅力！因此，哪怕你真的很爱很爱这个男人，哪怕这个男人是高贵的王子，也不要被冲昏头脑，过分殷勤或是急于讨好他。爱得不卑不亢，你的魅力也能与对方势均力敌，甚至略胜一筹，这样让男人又爱又敬，你也就掌握了爱情主动权。

玛格丽特·米切尔，美国现代著名女作家，为中国读者所熟悉的美国著名小说《飘》（由小说改编的电影名《乱世佳人》）的原作者。由于母亲早逝，玛格丽特不得不从中学辍学操持家务，如同《飘》中的女主人公郝思嘉一样，她生来就有一种反叛的气质。

成年后凭着一时的冲动，玛格丽特嫁给了酒商厄普肖，但这段婚姻不久便以失败告终。她深深地迷恋于厄普肖，甚至是一种仰天崇拜的姿势，这无疑助长了厄普肖的狂放不羁,对玛格丽特越来越不在乎。

这场婚姻的不幸,让玛格丽特明白了女人在婚姻中的平等性。之后,她很快便重新振作,嫁给了记者约翰·马什。玛格丽特打破当时的惯例,在门牌上写下了两个人的名字,她说:"我要告诉所有人,里面住着的是两个主人,他们是完全平等的。"更让守旧的亚特兰大社交界惊讶的是,她不从夫姓。

好在约翰·马什也提倡夫妻之间的平等,同他的这次结合是玛格丽特的幸运。马什一直支持和深爱玛格丽特,也正是在他的鼓励和支持下,玛格丽特开始默默从事她所喜欢的写作,十年后《飘》正式出版,她一夜成名。

快乐是一起享受的,痛苦也是一起承担的,在爱情场上,你要记住你和他是完完全全平等的!这里的平等,包括双方的人格精神平等,爱情姿态平等,婚姻权利平等。

感情的主动权掌握在他手里,也掌握在你自己的手里。保持平等的姿态,做一个有尊严的女人,让男人看清你的真正魅力,可令自己在感情中掌握主动权,立于不败之地,享受实实在在的爱情。

他不爱你，就优雅地离开

不是每一朵花开过就一定会结出果实，一对陌生男女从相识到相知，再到相恋，最后能否一起走进结婚礼堂，既要讲缘又要讲分，并不是每一对有情人都终成眷属，有缘无分的恋爱结果就是分手。当分手的事实摆在面前时，女人似乎更容易受到伤害。你很难过，很伤心，甚至很愤怒，这些情绪都是可以理解的，但是千万不要为了挽救恋情哭哭啼啼，或者愤怒咆哮，甚至不顾自己的人格尊严死缠着对方不放。

要知道，这种行为无疑是在扼杀自己原有的女王魅力，也扼杀了自己作为女人的尊贵与荣耀，不仅难以挽回爱情，还增加了被男人瞧不起的话题。在爱情场上，你可以用自己的魅力"杀死"男人，但绝对不可以"砍杀"自己的自尊。

苏彤是一家独资企业的客户经理，因为工作需要，经常需要在公司加班到很晚。在此期间，交往了五年多的男朋友居然不甘寂寞，在网上认识了一个年轻漂亮的女网友，态度坚决地和苏彤提出了分手。

虽然伤心欲绝，但是为了挽回已习惯且无法放手的爱情，苏彤居然主动提出，只要男友保证与网友一刀两断，自己就可以原谅他的"一时的冲动"。但是，男友去意已决，完全不见有任何怜惜之情出现，也不再露面。

于是，苏彤不停地打电话，质问前男友为什么感情说断就断，自己到底哪里做得不好，那个女人到底有什么好……后来，还声称自己活不下去了，想要自杀。结果，前男友不仅没有露面，反而对苏彤表现出不屑与厌恶，将手机号、QQ 号等更换了。

在这个世界上，没有谁离开谁活不下去，除非他是给你提供水、空气、阳光和食物。既然他不再爱你了，不要傻傻地问他为什么，何不优雅地对男人说"再见"，然后潇洒地甩一甩头，婀娜地走开，这样才不失风范。

退一步说，即便你最终将对方拉回了自己的身边，这也就导致你们之间他强你弱的被动局面，你能保证他今后有足够的真心和耐心对待自己吗？两情相悦的心不在了，气场互不协调，爱情名存实亡、貌合神离，这样的女人哪有幸福可言？糟糕的情绪只会让你的气场越变越弱，甚至消失殆尽。

事实上，那些拥有女王气质的大气女人总是能够理智地看待分手，即使她们再在乎一段感情，爱变了，她们也可以做到优雅地走开，接着将自己拧拧干，到阳光地带下晒晒，重新开始自己的生活，并且活得更美好、更滋润，重唤出强大的魅力。

有的女人失恋后没有一味地纠缠男人，也没有伤春悲秋地哀悼自己的恋情，而是敢爱敢恨，努力让自己过得更好。这样的女人不但光彩照人、落落大方，而且还有一股高贵凛然的气息，男人怎能不为她沉醉？

　　爱的时候放开去爱，但若爱情变味了，那么不要哭哭啼啼、畏畏缩缩，勇敢地去接受它，婀娜潇洒地离开。爱得起恨得起，拿得起放得下，这是一种凤凰涅槃的大气，有了这样的魅力，相信更美好的情感会主动向你走过来！

淡然地体味
生命的美好

别让过去的"包袱"盖住美丽

积极心态具有改变人生的力量,虽然人人皆可达成,但有些奇怪的心理障碍会导致积极思想的无效,比如对过去念念不忘。一个人若是对过去念念不忘,活在自哀自怜的消极情绪中,过去就会变成心灵的包袱。

有个农夫步行去一个从未到过的村庄,走了很久之后,他突然发现想要到达那座村庄,还要经过一条河流,如果不渡河的话就得爬过一座高山。怎么办呢?是渡过这条湍急的河流,还是辛苦地爬过高山?

在农夫陷入两难之时,他突然看见附近有棵大树,农夫灵机一动,他用随身携带的斧头,把大树砍下,将树干慢慢地砍凿成一个简易的独木舟,并用造独木舟的边角料为自己做了一个船桨。农夫很高兴,也很佩服自己的聪明,他轻松地坐着自造的独木舟到达了对岸。

上岸后,农夫又要继续往前走,可是觉得这个独木舟帮了自己的大忙，而且融合了自己的智慧和辛勤的劳动，如果就这样抛弃了，实在很可惜！万一前面再遇到河流的话，自己也可以不用再花力气去重新造船。于是，农夫就决定背着独木舟上路，以备不时之需。

虽然农夫身体强壮，但是独木舟太重了，没过多久他就累得满头大汗。他只好边走边休息，就这样停停走走，最后才艰难地到达了目的地。可惜的是，后面的路途中农夫没有再遇到河流，他背着独木舟上路，整整多花了三倍的时间！

生命不能太负重，背负不动就放下。不要追寻凋落的花，不要缅怀过去，要从过去的错误中学到教训，想一想现在该做什么，朝向希望的未来前进，以新的想法面对挑战。这种做法才是健全而必要的成长历程。

一个人的魅力由内而发，被内心所左右。过去的已经过去，过去的无法挽回，我们把每一个阶段的"成败得失"全都扛在肩上，不及时地舍弃那些没有任何价值的东西的行为是在浪费情绪、精力，以至于心灵不堪重负，而这样势必也会导致个人魅力的衰弱，还有可能是收缩乃至消退的。世间最珍贵的是现在！还记得《成长岁月》这首歌吗？它告诉我们要珍惜今天所拥有的，如健康的身体、幸福的家庭、工作的机会等，珍惜这些，或许你的人生才能真正拥有无怨无悔的过去和理想的未来。

"智慧的艺术，就在于知道什么可以忽略。"心理学先驱威廉·詹姆斯如是说，"天才永远知道可以不把什么放在心上！"为你的"旧包袱"举行一场葬礼，旧的恐惧、旧的束缚，那些无用的旧创伤、旧衣物等，就让它们去吧!

丢弃是为了放下包袱,轻装前进;丢弃过去的"我",是为了拓展现在的我,产生全新的自我。当你每丢弃一件旧东西,你必然会迎来一次新的解放,你会活得更轻松、更自在,你的魅力也将会更夺人眼球!

真诚地对待所有人

没有什么比一个女人真诚的微笑或者眼神更能打动人的了。女人要想提升自己的魅力,就一定要真诚地对待他人。

独特的魅力有一部分来自于完善的人格,而真诚则是赢得人心、产生吸引力的必要前提。换句话说,人都是有感情的动物,想要试图去吸引、说服他们,首先就要展现出一股能够感动人的大气,动摇对方的心理防线。

每个人的思想深处都有内隐闭锁的一面,同时又希望获得他人理解和信任的开放面。然而,这种开放是定向的,即向自己已经基本了解、可以信赖的人开放,对不了解的人,有所戒备。但当你足够真诚时,你会给对方一种感觉——我信任你!当对方感到自己被信任时,他就会情不自禁地卸除对你的猜疑、戒备心理。换句话说,一个人可以抵挡住形形色色的诱惑，却抵不住真诚的莅临。真诚是春风，能拂去心灵的微尘；真诚是雨露，能滋润友谊的花朵……真诚不是智慧，却常常放射出比智慧更诱人的光芒，带给我们春风雨露般的温馨魅力，从而获得原本不可能得到的东西。

真诚不是嘴上说说，而是要付出行动的。好听的话每个人都会说，看一个人真实与否，最重要的是看他为人处世的态度。一个人的行动往往能表现出他的内心，所以一切的伪装总有被别人看穿的时候，与其那样，不如拿出一颗真心去换取别人的信任。你越真诚，别人就会越喜欢和你交朋友；你与他人的关系越亲密，你们之间的感情就越深厚。真诚地付出关怀的确能敛聚很多人气。

真诚的女人很善良，她会尽自己最大的努力去帮助那些在困境中的人，哪怕只是一个简单的微笑或者一杯白水，都能让人有如沐春风的感觉。真诚的女人是大度的，她不会计较身边的小事情，她会从别人的角度出发，探寻事情的动机和起因，她从来不会因为鸡毛蒜皮的小事闹得不可开交。真诚的女人是丰富高贵的，她们总是晓之以理动之以情，用她们聪慧的大脑和身边的人沟通和交流。真诚的女人在交流的过程中不善于拐弯抹角，因为这样的做法会产生不诚实或者生分的感觉。即使在和对方意见不统一的时候，她也是微笑着说出自己的看法，即使是面对对方的失误，她依旧会真诚地指出来。当别人高兴的时候，她发自内心地和她们一起高兴，她赞美别人，但是绝不低俗地奉承他们。

如果你想要锻造强大的感染力，那么就用真诚去打动别人吧！当你掌握了这一行之有效的技巧时，你的言行举止散发出来的必然是一种值得让人信任的大气，这种力量会让你更有魅力，更有吸引力，从而赢得人心、取得成功。

学会分享，给魅力增光添彩

有一个捷径可以让魅力得到快速提升膨胀，那就是要学会与他人分享。我们每个人都需要分享、都离不开分享，都要懂得分享。分享，彰显大气，也可以让你成为理想当中的魅力女人。

学会分享是一个心态开放、思想解放、能量积聚、智慧绽放的过程。学会分享是包容与接纳，是尊重与合作，不断改革、不断创新，这样才能够保持自己的核心竞争力，让魅力显现出来。

一个精明的中国花草商人，千里迢迢从欧洲引进了一种名贵的花卉，将之培育在自己的花园里。他计划繁育三年，等拥有上万株后再开始出售，狠狠地挣一笔大钱。为了不让别人"分羹"，他还把自己的花园用密实的篱笆圈了起来，不准任何人接近。

第一个春天，名贵的花开了，特别漂亮，就像缕缕明媚的阳光。第二个春天，花已培育出五六千株，但商人发现，花朵比去年略小。第三个春天花已经繁育出了上万株。但令商人沮丧的是，这些花朵变得更小，花色也杂了，完全没有了它原本的雍容和高贵。商人不仅没能靠这些花赚上一大笔，还遭到了亲朋好友的讥笑。

无奈之下，商人便去请教一位资深的植物学家，把事情的来龙去脉说了一遍，问道："难道这些花退化了吗？可欧洲人年年种植这种花，大面积、年复一年地种植，并没有见过这种花会退化呀！这是怎么回事呢？"

植物学家跟着商人来到他的小花园，转悠了一圈之后，认真地说道："尽管你的名贵之花种满了你的花圃，但比邻的花园却种植着其他的花卉。这样，名贵之花传授花粉时就染上了邻居花园里花的花粉，所以你的名贵之花失去了本色，一年不如一年。"

对于这样的答案，商人感到意外，他焦急地请植物学家为自己支招。植物学家简洁而有力地说："把你的花种分给邻居，让他们也种上这种花。"

尽管商人不太乐意，但他还是照做了。令人意外的是，次年春天花开的时候，他和邻居们的花圃几乎成了名贵之花的海洋。这些花颜色典雅，雍容华贵，和在欧洲时一模一样。花一上市便被抢购一空，商人和邻居们都发了大财，商人还被人们尊称为"花王"。

这个故事给我们的启示是，懂得分享的人，看似是在做"赔本"买卖，实际上最终往往可以获得更多。因为一个人表现出大气之姿的时候，她给人的感觉就是健康的、开放的，所有的人都会愿意与这个人在一起，那么机会自然也就越多。

分享是内化、借鉴、更新的过程，这是一种合作的方式，是一种在共生基础上再提高的创造过程，是一种双赢。在生活中，几乎每一个人都有过这样的体会：当独自研究一个问题时，可能思考了五次，还是同一个思考模式。如果拿到集体中去研究，从他人的发言中也许一次就可以完成自己五次才完成的思考，并且他人的想法还会使自己产生新的联想，可谓是乘法的计算模式。

有一个关于鸡尾酒由来的故事：

从前，英、葡、法、美四国人相约把本国的好酒拿出来给大家品尝。英国人拿出了威士忌，葡萄牙人则拿出了葡萄酒，法国人拿出了人头马，唯有美国人两手空空。正在其他人不知其所为之际，美国人拿了一只空酒杯，将威士忌、葡萄酒、人头马混合在一起，拿给大家品尝，于是口感奇棒的美国鸡尾酒就这样诞生了。

由此可见，学会分享是对自我中心、自以为是倾向的自觉防范，意味着奉献出自己的闪光，并分享别人的闪光，努力创造一种新的分享方式和新的表达方式，以便快速地为自己的魅力增光添彩。

你把你的给我，我把我的给你，在这样互相提拔、互受其利的过程中，就能够让你的魅力迅速地对更多人产生吸引力和影响力。赶快学会分享吧，相信在某一天，你将会成为众人的中心。

与大自然的能量衔接

我们知道,候鸟夏天在北方生活,秋天来临就要飞到南方,这就是因为它们很明白自己需要的气候,当北方渐渐变得寒冷,这种环境已经让它们感觉不适应,它们就要飞到南方重新寻找适合自己的生存环境。候鸟可以选择适合自己生存的环境,那么我们也完全可以在自己能够掌握的范围内尽量改善周围的环境。

人体能量场与其他物质和环境的能量之间进行着一种自然渗透,人体不断吸收他人、农作物、树木、花草、动物,甚至是土地本身的能量。当你从喧嚣的都市中走出来,走进大自然中待上一会儿,你会感到身体重新充满能量。

如今,有一种"山地瑜伽"的活动在白领当中非常盛行。所谓"山地瑜伽"就是离开水泥盒子的健身房,带上瑜伽垫,来到静谧的山林中,晨钟暮鼓,在大自然的怀抱中修习瑜伽,让身体获得更大的能量……

其实,不仅是山地,我们也可以在树林、海边、麦田或是远离城市的小村庄等真实而本原的自然环境中活动。闭眼倾听,让身心与自然界面对面地进行一次对话,在一呼一吸之间感受自然界清新空气所传递的源源不断的力量，这是自然界得天独厚的优势。

自然的能量是最容易被人体转化、吸收的，其中土、水、火、风等都是很好的魅力"净化剂"。当你与土地或任何一种自然元素直接接触时，你会发现，自己的魅力会比平时更大。

比如，赤脚走在绿草地上，你的负面能量会经由你的脚往下进入到大地中，在那里大地之母将净化它们；火可能是所有东西中最有力量的净化剂，燃烧旧照片、信件与所有物，能转换在记忆中留存的负面因素，改变在你周围的灵性能量；海洋的力量尤其如此，它会洗净你浑浊的气息。如果你无法接近大海，将海盐放在你浴缸的水中，洗一个热水澡，相信你所散发出的魅力也会截然不同。

这些，都是我们的身体吸收了外界能量的结果。

即使你不与自然元素直接接触，只要打开眼睛和感觉，欣赏大自然，如山清水秀、草长莺飞，你也可以更接近真我。当觉察一旦开放了，你的情感魅力、思维魅力都会受到这种自然物质的熏染而温文尔雅。

另外，女性的魅力最爱"光合作用"。世间万物都离不开阳光的照耀，人体这个设计精密的小宇宙也是一样。长期待在写字楼里的女人，如果不经常晒太阳，身体里的阳气生发不起来，魅力自然无法散发。

人的生命系于阳气，太阳是最好的魅力"催化剂"。人只有跟着太阳走，才能拥有充满鲜活的生命力，才能找到内在的真正力量。有的人却拒绝利用，这真是一种极大的损失与浪费。

为了"营养"，大家可以经常抽出时间晒一晒太阳，特别是在寒冷的冬季，晒太阳是一种最好的养阳方式。而且处于光亮中的人看事情正面积极，就会觉得整个人精神很多，这是太阳给我们的力量。

不过，晒太阳时一定不要戴帽子，让阳光直射头顶的百会穴，阳气才能更好地进入体内。晒太阳的时间也不要太长，半小时左右就可以，最好是什么时候的太阳让你感觉最舒服就什么时候去晒太阳。

依据本练习的原则，你要以开放的方式享受大自然，欣赏大自然万物的力量和无限性，让一切观念和思想融入当下的能量中，那么，你会真切地感觉到你正在与自然能量相连接，感觉到你的正面能量从你体内升起。

还犹豫什么呢？快点出发吧！